# Künstliche Intelligenz

Manon Bischoff
Hrsg.

# Künstliche Intelligenz

Vom Schachspieler zur Superintelligenz?

*Hrsg.*
Manon Bischoff
Darmstadt, Hessen, Deutschland

ISBN 978-3-662-62491-3 ISBN 978-3-662-62492-0 (eBook)
https://doi.org/10.1007/978-3-662-62492-0

Die Deutsche Nationalbibliothek verzeichnet diese Publikation in der Deutschen Nationalbibliografie;
detaillierte bibliografische Daten sind im Internet über http://dnb.d-nb.de abrufbar.

deblik Berlin unter Verwendung eines Motivs von © fotomek/Adobe Stock

Planung: Margit Maly
Springer ist ein Imprint der eingetragenen Gesellschaft Springer-Verlag GmbH, DE und ist ein Teil von
Springer Nature.
Die Anschrift der Gesellschaft ist: Heidelberger Platz 3, 14197 Berlin, Germany

# Vorwort

Künstliche Intelligenz ist längst nicht mehr das abstrakte und lebensferne Thema, das es vor einigen Jahren noch darstellte: Inzwischen haben selbstlernende Algorithmen Einzug in unser alltägliches Leben erhalten. Es ist künstliche Intelligenz, die Spam-Mails von gewünschter elektronischer Post sortiert, uns die neueste Krimi-Serie empfiehlt oder die schnellste Route zu einem Ziel plant.

Die Fortschritte auf dem Gebiet sind überaus spannend, werfen allerdings auch etliche Fragen auf. In diesem Buch möchten wir einige davon aus dem Weg räumen, angefangen damit, welche unterschiedlichen Konzepte es den Computern ermöglichen, solche erstaunlichen Ergebnisse hervorzubringen. Einige Forscher versuchen dabei die Funktionsweise des menschlichen Gehirns zu kopieren, indem sie mit Hilfe so genannter neuronaler Netze den visuellen Kortex virtuell nachbauen. Andere verwenden hingegen vollkommen andere Ansätze, bei denen man beispielsweise zahlreiche verschiedene Wahrscheinlichkeitsbäume auswertet.

Die ersten medienwirksamen Durchbrüche erzielten Forscher mit selbstlernenden Algorithmen, die menschliche Meister in Brettspielen wie Schach oder Go schlugen. Inzwischen können ausgetüftelte Programme sogar die besten menschlichen Gegner in komplexen Videospielen wie Starcraft II besiegen – ein Erfolg, mit dem Experten erst in einigen Jahren gerechnet hatten.

Wissenschaftler verschiedenster Bereiche verwenden künstliche Intelligenz nun auch bei ihrer Forschungsarbeit. Die Programme unterstützen sie, um riesige Mengen an Daten auszuwerten, neue Medikamente zu entwickeln, unbekannte physikalische Zusammenhänge offenzulegen oder mathematische Formeln zu vereinfachen. Und sie sind dabei sehr erfolgreich: Ein wesentlicher Vorteil besteht darin, dass die Algorithmen extrem gut Muster erkennen – seien diese noch so unauffällig.

Dass Computer einige Aufgaben besser meistern als Menschen, ist nichts Neues: Seit dem vergangenen Jahrhundert werden manche Tätigkeiten nur noch von Maschinen ausgeführt. Meist handelt es sich dabei um körperliche und teilweise um gefährliche Arbeiten mit toxischen Stoffen. In der Automobilindustrie und der Landwirtschaft sind beispielsweise seit Jahrzehnten Roboter im Einsatz.

Nun könnten Computer aber sogar in Gebiete eindringen, die menschliche Attribute wie Kreativität und Innovation erfordern. Denn Algorithmen erzeugen inzwischen Kunstwerke, verfassen Zeitungsartikel, dichten Poesie und komponieren Musik. Viele Personen freuen sich auf die vielfältigen Möglichkeiten, welche die neuen Technologien bei solchen Aufgaben bringen. Andere wiederum fühlen sich durch die Programme bedroht – können sie den Menschen wirklich in allen Belangen ersetzen?

Die nächsten Jahre versprechen, spannend zu bleiben. Das Forschungsgebiet der künstlichen Intelligenz ist extrem schnelllebig: Ständig gelingen Informatikern neue, beeindruckende Fortschritte. Schon bald wird sich zeigen, inwiefern Algorithmen unser Leben weiter erleichtern können – und wo ihre Grenzen liegen.

Heidelberg
im Juli 2021

Manon Bischoff

# Inhaltsverzeichnis

# Herausgeber- und Autorenverzeichnis

## Über die Herausgeberin

**Manon Bischoff** ist theoretische Physikerin und Redakteurin bei „Spektrum der Wissenschaft".

## Autorenverzeichnis

**Andreas Burkert** ist Astrophysiker am Max-Planck-Institut für extraterrestrische Physik in Garching.

**Janosch Deeg** ist promovierter Physiker und Wissenschaftsjournalist in Heidelberg.

**Jean-Paul Delahaye** ist emeritierter Professor am Institut für Grundlagen der Informatik der Université de Lille.

**Jan Dönges** ist Redakteur bei „Spektrum.de".

**David H. Freedmann** ist ein Wissenschaftsjournalist aus Boston.

**Christiane Gelitz** ist Redakteurin in der Digitalabteilung „Spektrum der Wissenschaft".

**Alison Gopnik** ist Professorin für Psychologie und Philosophie an der University of California in Berkeley.

**Friedrich Graf von Westphalen** ist Rechtsanwalt in Köln.

**Michael Groß** ist promovierter (Bio)Chemiker und Wissenschaftsautor in Oxford.

**Yvonne Hofstetter** ist Essayistin, Juristin und Sachbuchautorin.

**Philipp Hummel** war bis Ende 2018 Wissenschaftsjournalist, seither ist er in der Öffentlichkeitsarbeit tätig.

**Christof Koch** ist Präsident und Chief Scientific Officer am Allan Institute for Brain Science in Seattle. Er gehört zum Board of Advisors des „Scientific American".

**Wolfgang Koch** forscht am Fraunhofer FKIE in Bonn-Wachtberg.

**Daniela Mocker** ist stellvertretende Redaktionsleiterin von „Spektrum.de".

**George Musser** ist Redakteur bei „Scientific American" und Autor populärwissenschaftlicher Bücher über Physik, etwa „Spooky Action at a Distance".

**Lisa Vincenz-Donnelly** ist studierte Biochemikerin und Wissenschaftsjournalistin.

**Anna von Hopffgarten** ist promovierte Biologin und Ressortleiterin „Hirnforschung" bei G&G.

**Christian Wolf** ist promovierter Philosoph und Wissenschaftsjournalist in Berlin.

**Eva Wolfangel** ist Wissenschaftsjournalistin in Stuttgart und schreibt schwerpunktmäßig über Technologiethemen.

# Teil I Lernstrategien

# Vorbild Gehirn

## Christian Wolf

*Ob in autonomen Autos oder Sprachassistenten – künstliche neuronale Netze erfüllen immer anspruchsvollere Aufgaben, zum Teil sogar besser als Menschen. Doch viele haben ein Manko: Sie sind fürchterlich vergesslich!*

Es wäre äußerst mühsam und Zeit raubend: Hunderte Fotos von Katzen und Millionen Bilder von anderen Dingen und Lebewesen müsste sich ein kleines Kind ansehen, bis endlich der Groschen fällt und es einen Stubentiger auf Anhieb als solchen erkennt. Die vier Beine allein sind es nicht. Dieses Merkmal teilen die meisten Säugetiere. Die Schnurrhaare? Auch Waschbären haben solche. Es ist schließlich die Summe aus unzähligen Eigenschaften, die das Wesen einer Kreatur ausmacht. Wäre das Gehirn von Kindern so aufgebaut wie ein künstliches neuronales Netz, müsste es riesige Datenmengen „konsumieren", um einen einzigen Begriff zu lernen.

Doch zum Glück reichen einige wenige Beispiele aus. Die Mutter zeigt auf ein Tier im Bilderbuch und sagt: „Guck mal, da sitzt eine Katze!" Spätestens beim zweiten Mal hat das Kind begriffen und erkennt zukünftig alle möglichen Katzen – ob weiß oder gefleckt, liegend oder laufend. Denn unser Gehirn ist erstaunlich gut darin, Unterschiede zwischen Dingen zu erfassen und Prototypen zu bilden.

C. Wolf (✉)
Berlin, Deutschland
E-Mail: author@noreply.com

M. Bischoff (Hrsg.), *Künstliche Intelligenz,* https://doi.org/10.1007/978-3-662-62492-0_1

**3**

Was kleinen Kindern im Handumdrehen gelingt, könnten bald auch die künstlichen neuronalen Netze schaffen. Denn in den letzten Jahren machte die KI-Forschung gigantische Fortschritte. Wenig überraschend kommen dabei entscheidende Impulse immer häufiger aus den Neurowissenschaften.

Für Schlagzeilen sorgt derzeit das so genannte Deep Learning, was auf Deutsch so viel heißt wie „tief gehendes Lernen". Dieses Rechenverfahren orientiert sich grob am Aufbau des Gehirns, indem es ein dicht verwobenes Netz aus Nervenzellen simuliert. Wie ihr natürliches Vorbild lernt es aus Erfahrung, indem es die Stärke der künstlichen Nervenverbindungen ändert, bis es einen gewünschten „Output" produziert – und beispielsweise das Gesicht eines Menschen auf einem Bild erkennt.

Die künstlichen Netze sind hierbei in verschiedenen Schichten oder Ebenen angeordnet, die zunehmend komplexere Merkmale verarbeiten. Gilt es beispielsweise Objekte auf einem Bild zu identifizieren, registrieren die „Neurone" der ersten Ebene analog zur Netzhaut des Auges lediglich die Helligkeitswerte der einzelnen Pixel. Die folgende Schicht bemerkt, dass einige der Pixel zu Kanten verbunden sind, während die darauf folgende zwischen horizontalen und vertikalen Linien unterscheidet. Das geht so weiter bis zur letzten Ebene: Der Algorithmus erkennt ein Gesicht, weil er eine Nase und zwei Augen im richtigen Abstand zueinander ausgemacht hat.

Soll ein künstliches neuronales Netz lernen, Menschen auf einem Bild zu erkennen, bekommt es meist zehntausende Fotos vorgesetzt – bei so genannten überwachten Trainingsverfahren ergänzt durch eine wichtige Zusatzinformation: ob tatsächlich ein Mensch abgebildet ist oder nicht. Mit jedem „gesehenen" Bild verbessert das Programm sein Urteil, bis es nach ausgiebigem Training schließlich zuverlässig Menschen auf Fotos erkennt.

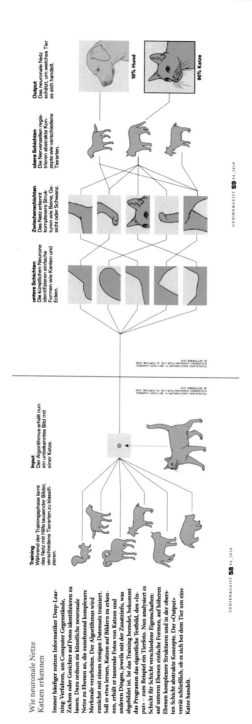

## Wie neuronale Netze Katzen erkennen

Immer häufiger nutzen Informatiker Deep-Learning-Verfahren, um Computer Gegenstände, Zeichen oder Gesichter auf Fotos identifizieren zu lassen. Dazu ordnen sie künstliche neuronale Netze zu Ebenen an, die zunehmend komplexere Merkmale verarbeiten. Der Algorithmus wird zunächst mit einem riesigen Datensatz trainiert. Soll er etwa lernen, Katzen auf Bildern zu erkennen, erhält er tausende Fotos von Katzen und anderen Dingen, jeweils mit der Zusatzinfo, was abgebildet ist. Ist das Training beendet, bekommt das Programm das eigentliche Testbild, den »Input« – zum Beispiel ein Tierfoto. Nun analysiert es auf unteren Ebenen einfache Eigenschaften; auf höheren Ebenen komplexere Strukturen und in der obersten Schicht abstrakte Konzepte. Der »Output« verrät schließlich, ob es sich bei dem Tier um eine Katze handelt.

**Training**
Während der Trainingsphase lernt das Netz mit Hilfe tausender Bilder, verschiedene Tierarten zu klassifizieren.

**Input**
Der Algorithmus erhält nun ein unbekanntes Bild mit einer Katze.

**untere Schichten**
Die künstlichen Neurone identifizieren einfache Formen wie Kanten und Ecken.

**Zwischenschichten**
Das Netz erkennt komplexere Strukturen wie Beine, Gesicht oder Schwanz.

**obere Schichten**
Die Nervenzellen registrieren abstrakte Konzepte wie verschiedene Tierarten.

**Output**
Das neuronale Netz schätzt, um welches Tier es sich handelt.

10% Hund

90% Katze

VOUSUN KOV, NACH PAVLOK, B., »WHY DEEP LEARNING IS SUDDENLY CHANGING YOUR LIVE« IN FORTUNE.COM, 28. SEPTEMBER 2016

## Stoppschild oder Werbebanner?

„Das Verfahren des Deep Learning hat uns gezeigt, dass künstliche neuronale Netze mit großen Datenmengen viel Interessantes lernen können", sagt der Neuroinformatiker Helge Ritter von der Universität Bielefeld. Dazu gehört nicht nur die Fähigkeit, Gesichter auf Bildern zu identifizieren, sondern etwa auch, gesprochene Sprache zu verschriftlichen oder autonome Autos an roten Ampeln und Stoppschildern zum Bremsen zu bringen. „Mit sehr großen Datenmengen können sie geradezu menschliche Leistungen erzielen."

Doch warum lernen Menschen so viel schneller und benötigen dabei deutlich weniger Beispiele? „Wir nehmen an, dass das unter anderem an unserem Gedächtnis liegt", so Ritter. „Wir verfügen über verschiedene Gedächtnisformen, die uns das Lernen ermöglichen. Forscher versuchen inzwischen, diese künstlich nachzubilden."

Besonders interessieren sich Informatiker für das episodische Gedächtnis, das bestimmte Aspekte vergangener Erlebnisse festhält. Eine Schlüsselrolle spielt dabei der Hippocampus, über den die neuen Erfahrungen in das Gehirn „eingespeist" werden. Verfestigt und abgelegt werden sie dann in der Hirnrinde, genauer im Neokortex, und zwar vor allem während des Schlafs und in Ruhephasen. Um sie in das Langzeitgedächtnis zu überführen, spielt das Gehirn beim Schlafen diejenigen Aktivitätsmuster im Hippocampus erneut ab, die bereits während des eigentlichen Erlebnisses aufgetreten sind.

Dieses Phänomen beobachteten Forscher erstmals bei Nagetieren: Während Ratten durch ein Labyrinth liefen, feuerten so genannte Platzzellen im Hippocampus, die jeweils einen bestimmten Ort repräsentierten. Während die Tiere schliefen, wiederholte sich das Aktivitätsmuster der Zellen – ganz so, als würden sie ihren Streifzug noch einmal vor dem geistigen Auge Revue passieren lassen. Störten die Wissenschaftler sie dabei, konnten sich die Ratten bei folgenden Tests schlechter orientieren.

Dieses Wissen machten sich Forscher um den Informatiker und Neurowissenschaftler Demis Hassabis von DeepMind, einem britischen Google-Unternehmen, zu Nutze. Ihr künstliches neuronales Netz lernte 2015, klassische Atari-Spiele zu meistern. Als Input bekam es lediglich die farbigen Pixel des Bildschirms und den Spielstand vorgesetzt. Als Output gab das Netz Befehle für Joystickbewegungen aus. Das Training beruhte auf dem Prinzip des Verstärkungslernens. Dabei werden günstige Entscheidungen nachträglich belohnt, in diesem Fall durch Gewinnpunkte. Der Algorithmus lernte nach und nach durch Versuch und Irrtum dazu.

Ein wichtiger Bestandteil des Netzes war eine Art Wiederholungstaste. Es speicherte einen Teil der Trainingsdaten und wiederholte sie „offline", um dadurch erneut von seinen Erfolgen und Fehlern zu lernen. Wie sich zeigte, war Hassabis Netz anderen Algorithmen im direkten Vergleich überlegen. Es begriff nicht nur besser, sondern vor allem auch schneller.

Es gebe derzeit verschiedene Ansätze, künstlichen neuronalen Netzen eine Art episodisches Gedächtnis zu verpassen, so Helge Ritter. Das Ziel sei bei allen das gleiche: die Lernzeit zu verkürzen und die Zahl der für das Training notwendigen Beispiele zu reduzieren. Einen Weg dazu zeigten 2016 der Informatiker Oriol Vinyals und sein Team von DeepMind auf. Sie statteten ein Netz mit einer „Memory-Komponente" aus, die für die Aufgabe nützliche Informationen speicherte.

Zwar mussten sie für das Training weiterhin auf einen großen Datensatz mit 60.000 Bildern zurückgreifen. Er umfasste Dinge und Lebewesen aus 100 Kategorien wie Autos und Katzen mit jeweils 600 Beispielbildern. Doch immerhin hatte der Algorithmus bereits nach 80 Kategorien das Prinzip „verstanden". Dann ging es ganz fix: Bei den restlichen 20 erkannte er neue Dinge, etwa einen Hund, schon nach einem Beispielbild wieder. Das ist ähnlich wie beim Menschen. Auch wir lernen schneller, wenn wir vorhandene Kenntnisse auf neue Inhalte anwenden können.

## Fataler Filmriss

Doch was passiert mit dem erworbenen Wissen? Kann es einfach bis ins Unendliche erweitert werden? Lange Zeit kämpfte die KI-Forschung mit einem Problem, das man in Fachkreisen „katastrophales Vergessen" nennt – ein echter Horror für Informatiker: Kaum hat ein Algorithmus mühsam eine Aufgabe gelernt, werden die nun dazu passenden „gewichteten Verknüpfungen" des neuronalen Netzes auf eine zweite Aufgabe hin optimiert und letztlich dadurch überschrieben. Daher konnte beispielsweise auch das Netz von DeepMind immer nur ein einziges Atari-Spiel einstudieren.

Auch in diesem Fall können sich die KI-Forscher am menschlichen Gehirn orientieren. Wenn beispielsweise eine Maus etwas Neues lernt, verstärkt das die beteiligten Synapsen zwischen den Nervenzellen. Dabei wachsen Dornenfortsätze, kleine Auswüchse auf den verzweigten Dendriten, die den Empfängerteil der Synapsen enthalten. Nun kommt das Entscheidende: Die Dornen bleiben auch bei neuen Lernvorgängen erhalten, und die synaptische Übertragung ist dauerhaft erhöht. So wird die entsprechende Erfahrung konsolidiert, also verfestigt.

Auf diesen Kniff des biologischen Vorbilds griffen Forscher von DeepMind und dem Imperial College London in einer Studie von 2017 zurück. Sie setzten dafür erneut auf das künstliche neuronale Netz, das schon zwei Jahre zuvor erfolgreich die Atari-Spiele gemeistert hatte. Doch diesmal statteten sie es mit einem Algorithmus aus, der nach dem Vorbild der synaptischen Konsolidierung arbeitete. Er sollte die simulierten Verknüpfungen, die bereits für eine vorherige Aufgabe verstärkt worden waren, „verriegeln" und so vor dem Überschreiben schützen.

Das zahlte sich aus: Mit dem zusätzlichen Algorithmus studierte das Programm nun mehrere Spiele nacheinander ein, ohne vom „katastrophalen Vergessen" heimgesucht zu werden. Damit gelang ihm etwas, was für uns Menschen ganz selbstverständlich ist, nämlich kontinuierlich zu lernen. Allerdings schnitt dieses Allrounder-Netz in jedem einzelnen Spiel schlechter ab als Systeme, die auf ein einziges Spiel spezialisiert waren. Sein besonderes Lernverhalten stellte der Algorithmus übrigens nicht nur beim Atari-Spielen unter Beweis, sondern auch beim Erkennen von handgeschriebenen Ziffern.

„Bislang wirken sich beim Deep Learning alle Lernschritte auf das gesamte Neuronennetz aus", erklärt Helge Ritter. In Zukunft sollten Systeme stattdessen selbst entscheiden, welche Lerninhalte sie bündeln und vor dem Überschreiben schützen, so der Neuroinformatiker. Im Gehirn werde das zum Teil durch spezialisierte Gedächtnissysteme gelöst. Sensomotorische Erfahrungen etwa gelangen in ein eigenes Gedächtnissystem, Seheindrücke in ein anderes und Klänge von Geräuschen in ein drittes.

## Schreibschutz für Synapsen

Forscher haben ein künstliches neuronales Netz entwickelt, das bereits gelernte Informationen (Aufgabe A) so sichert, dass sie durch neue Lerninhalte (Aufgabe B) nicht überschrieben werden. Es kann die erworbenen Fähigkeiten nutzen, um neue zu lernen.

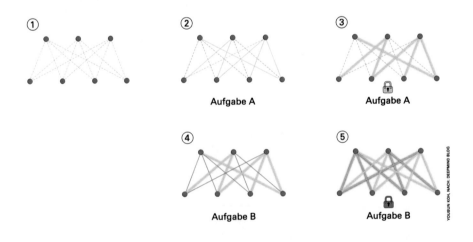

# Ein Blick fürs Wesentliche

Wenn künstliche neuronale Netze auf Fotos nach Gegenständen oder Personen suchen, haben sie eine Menge zu tun. Denn in den Schichten der ersten Verarbeitungsstufe schenken sie allen Pixeln des Bilds die gleiche Aufmerksamkeit. Das visuelle System von Primaten geht da ungleich effizienter vor. Es visiert nicht alle Bildbereiche gleichzeitig an, sondern wählt bestimmte Abschnitte aus, denen es besonders viel Aufmerksamkeit schenkt. Deshalb lassen wir unseren Blick gezielt hin- und herschweifen, um das Wichtigste zu erfassen. Dazu bewegen wir unsere Augen drei- bis fünfmal pro Sekunde in kurzen, ruckartigen Sprüngen, so genannten Sakkaden, die das frontale Augenfeld im Stirnhirn steuert. Beim Lesen etwa wandert die Fovea, der Bereich des schärfsten Sehens auf der Netzhaut, so von Wort zu Wort.

2015 statteten der Informatiker Jimmy Lei Ba und sein Team von der University of Toronto ein neuronales Netz mit einem Mechanismus aus, der menschlichen Sakkaden ähnelte. Es sollte seine „visuelle Aufmerksamkeit" gezielt steuern lernen, um nur die für die Aufgabe relevanten Bereiche eines Fotos zu untersuchen.

Jede Sakkade bringt eine neue Bildpartie in den „Blick" des Algorithmus. Mit Hilfe dieser Ausschnitte aktualisiert er sein internes Abbild des Fotos Schritt für Schritt. Er bestimmt dabei die nötige Länge und Richtung der Blicksprünge, so dass sich die untersuchten Bildbereiche nicht überschneiden. „Das hat mehrere Vorteile", so Ritter. „Unter anderem hilft es, den Rechenaufwand zu reduzieren."

So gelang es dem neuronalen Netz der Forscher, mehrstellige Hausnummern auf Google-Street-View-Aufnahmen zu erkennen, und zwar zuverlässiger und schneller als ältere Algorithmen ohne Sakkadenfunktion. Das galt vor allem dann, wenn die Forscher zuvor den Bildausschnitt um die Hausnummer herum vergrößert hatten, es also mehr für die Aufgabe nicht relevante Bereiche gab.

Ein vergleichbares neuronales Netz erkannte nach kurzer Trainingszeit handgeschriebene Ziffern, indem es nacheinander kleine Ausschnitte der Schrift analysierte, anstatt alle Bereiche zugleich.

Die rasanten Fortschritte der KI-Forschung dürfen allerdings nicht darüber hinwegtäuschen, dass die Unterschiede zum natürlichen Vorbild immer noch gewaltig sind. Das fängt schon bei der grundsätzlichen Architektur an. „Künstliche neuronale Netze bestehen aus sehr einfachen Einheiten, welche die eingehenden, mit verschiedenen ›Gewichtungen‹

versehen Informationen lediglich aufsummieren", sagt der Physiker und Neuroinformatiker Laurenz Wiskott von der Universität Bochum. Echte Nervenzellen hingegen verfügen über stark verzweigte Dendritenbäume. Je nachdem, wo in einem solchen Baum die Information ankommt, hat das unterschiedliche Auswirkungen. Treffen etwa die Signale zweier Zellen zur selben Zeit nebeneinander auf das nachgeschaltete Neuron, können sie sich gegenseitig verstärken. „Das passiert bei einem künstlichen Netz in der Regel nicht."

Doch das ist nicht alles. „Bei den gängigen Algorithmen ist jedes Neuron kontinuierlich aktiv", sagt Helge Ritter. Echte Nervenzellen im Gehirn verfolgen hingegen viel komplexere zeitliche Aktivitätsmuster. „Sie sind überwiegend untätig und senden nur ab und zu einen Impuls aus."

Viele Eigenschaften des Gehirns sind nach heutigem Stand noch meilenweit davon entfernt, in künstlichen neuronalen Netzen realisiert zu werden – etwa die Fähigkeit zur Imagination. Kopfschmerzen bereitet KI-Forschern derzeit etwa das Transferlernen, also Problemlösungen auf andere, vergleichbare Situationen zu übertragen. Für Menschen ist diese Gabe ein Segen: Wir können beispielsweise schneller eine neue Fremdsprache lernen, wenn wir bereits eine andere beherrschen.

In Ansätzen versuchen Forscher derzeit, diese Fähigkeit mit so genannten progressiven neuronalen Netzwerken nachzubilden. Hierbei werden mehrere künstliche Netze miteinander verknüpft, damit sie erworbene Kenntnisse teilen und in gewissem Maß auf neue Aufgaben übertragen können.

„Auch wenn Deep-Learning-Netzwerke aktuell Furore machen, sind sie im Vergleich zu unserem Gehirn sehr einfache Strukturen", bestätigt Laurenz Wiskott. „In der Regel werden sie darauf trainiert, eine bestimmte Aufgabe zu bewerkstelligen, etwa Gesichter zu erkennen." Und darin seien sie inzwischen sogar besser als die meisten Menschen. Für das Transferlernen fehle ihnen aber die Flexibilität. Zum einen, weil die wenigsten über ein Gedächtnis verfügen, zum anderen, weil sie nicht reflektieren können. „Sie leisten zwar bereits Enormes, aber im Grunde sind sie noch ziemlich dumm." Irgendwie auch beruhigend.

# Quellen

Ba, J.L. et al.: Multiple Object Recognition with Visual Attention. In: arXiv 1412.7755 (2015)

Gideon, J. et al.: Progressive Neural Networks for Transfer Learning in Emotion Recognition. In: arXiv 1706.03256 (2017)

Hassabis, D. et al.: Neuroscience-inspired artificial intelligence. Neuron **95**, 245–258 (2017)

Kirkpatrick, J. et al.: Overcoming catastrophic forgetting in neural networks. PNAS **114**, 3521–3526 (2017)

Mnih, V. et al.: Human-level control through deep reinforcement learning. Nature **518**, 529–533, 2015

# Die 5 Schulen des Maschinenlernens

Christiane Gelitz

*Von künstlichen neuronalen Netzen hat heute jeder schon einmal gehört. In ihrem Schatten gedeihen aber noch andere Arten des maschinellen Lernens. Der Informatiker Pedro Domingos unterscheidet fünf große Paradigmen.*

Als der Mensch die ersten klugen Maschinen schaffen wollte, bildete er Wissen in Form von Symbolen ab. Er schrieb Handlungsvorschriften, so genannte Algorithmen, die Schritt für Schritt definierten, was die Maschine tun sollte. Das genügte, um gute Schachcomputer zu kreieren. Die Maschinen wussten und taten aber nur, was ihnen einprogrammiert wurde.

Eine lernende Maschine kann mehr als das: Sie sucht in eingehenden Daten nach Mustern, um auf zu Grunde liegende Regeln zu schließen: Sie „trainiert" ein mathematisches Modell, das die Muster oder Regeln abbildet und dazu dienen kann, neue Daten zu kategorisieren oder Vorhersagen zu treffen. Das bekannteste Grundgerüst für ein solches Modell ist ein künstliches neuronales Netz. Es kann aus Rohdaten von Fotos Muster extrahieren und so eine Katze darauf erkennen oder Hautkrebs von einem harmlosen Muttermal unterscheiden. Oder es schließt auf eine kontinuierliche Größe, etwa einen Börsenkurs oder die Lebenserwartung eines Patienten.

Enthalten die Rohdaten eine solche Zielvariable, handelt es sich um „überwachtes" Lernen. Von „nicht überwachtem" Lernen spricht man, wenn nach beliebigen Mustern in den Daten gesucht wird und so

_____

C. Gelitz (✉)
Heidelberg, Deutschland
E-Mail: author@noreply.com

© Der/die Autor(en), exklusiv lizenziert durch Springer-Verlag GmbH, DE, ein Teil von Springer Nature 2022
M. Bischoff (Hrsg.), *Künstliche Intelligenz,* https://doi.org/10.1007/978-3-662-62492-0_2

Kategorien entstehen, beispielsweise Gruppen von ähnlichen Kunden. Eine weitere Variante ist das „Verstärkungslernen" mit Hilfe von Feedback, eine Methode, mit der die Google-KI DeepMind das Spiel lernt. Daneben gibt es weitere Varianten wie das aktive Lernen, bei dem zum Beispiel ein Roboter Situationen aufsucht, die ihm fehlende Informationen liefern könnten.

Diese Unterscheidungen findet man so oder ähnlich in vielen Fach- und Lehrbüchern wieder. Der Informatiker Pedro Domingos von der University of Washington betrachtet das Maschinenlernen aus einer anderen Perspektive: Welche Lernprinzipien stecken hinter den Algorithmen? Wie entsteht Wissen überhaupt? Ausgehend von verschiedenen wissenschaftlichen Paradigmen unterscheidet er in seinem viel gelobten Buch *The Master Algortithm* fünf Schulen des maschinellen Lernens.

## Die Konnektionisten

Aus dieser Schule stammen die derzeit beliebtesten Modelle. Sie hat ihren Ursprung in den Neurowissenschaften und der Idee, die Funktionsprinzipien von Hirnzellen und ihren Verknüpfungen nachzuahmen. Ein solches neuronales Netzwerk lernt, indem Neurone Synapsen bilden oder verändern. Das erste Computermodell eines künstlichen Neurons, das „Perzeptron", entstand in den 1950er Jahren. Ähnlich seinem biologischen Vorbild verrechnet es eingehende Informationen und aktiviert gegebenenfalls das nachfolgende Neuron.

Heutige Modelle bestehen aus mehreren Neuronenschichten, daher der Name „Deep Learning". Zu den bekanntesten Arten zählen die Stars der Bilderkennung, die Convolutional Neural Networks (CNN), sowie die Recurrent Neural Networks (RNN), die sich besonders beim maschinellen Sprachverstehen bewährt haben. Zu ihrem Erfolg trug eine Erfindung der deutschen Informatiker Sepp Hochreiter und Jürgen Schmidhuber bei, das Long Short-Term Memory (LSTM), eine Art Kurzzeitgedächtnis für künstliche neuronale Netze.

Das Herzstück des Deep Learning ist die „Backpropagation", meist übersetzt als „Fehlerrückführung". Der Algorithmus ermittelt, wie eingehende Informationen gewichtet werden müssen, damit das richtige Ergebnis herauskommt, beispielsweise ein Katzenfoto als solches erkannt wird. Mangels Rechenpower ließ sich aber lange nicht belegen, dass dieses Lernprinzip funktioniert.

2006 lieferte Geoffrey Hinton von der University of Toronto den Beweis und küsste damit die KI-Forschung aus ihrem Winterschlaf. Deep Learning habe „den State of the Art in Spracherkennung, Objekterkennung und anderen Gebieten wie Medikamentenentwicklung und Genomforschung dramatisch verbessert", schrieb er 2015 mit seinen Kollegen Yann LeCun, heute KI-Forschungsdirektor von Facebook, und Yoshua Bengio von der University of Montreal. 2019 erhielten sie gemeinsam den Turing Award, die höchste Auszeichnung in der Informatik.

## Die Symbolisten

Der älteste Stamm der KI-Forschung hat seine Wurzeln in der Logik und stellt Wissen und Regeln mit Symbolen dar. Eine klassische logische „Deduktion" leitet aus zwei Prämissen eine zwingende Konsequenz ab. Beispiel: „Sokrates ist ein Mensch; Menschen sind sterblich. Ergo ist Sokrates sterblich." Die Grundidee der Symbolisten ist es, dieses Prinzip umzudrehen und aus der Konsequenz auf eine unbekannte Prämisse zurückzuschließen, Induktion genannt. Ein Beispiel dafür: „Sokrates ist ein Mensch. Er ist sterblich. Ergo: Menschen können sterben."

Der Informatiker Ross Quinlan, ein prominenter Symbolist, kombinierte Symbole zu Entscheidungsbäumen, etwa um das Ergebnis von Schachproblemen vorherzusagen. Die Nachfahren seiner Algorithmen stecken heute in vielen Softwarepaketen, sind der Öffentlichkeit aber wenig bekannt – womöglich wegen ihrer unanschaulichen Namen, „ID3", „C4.5" und „C5.0".

Ein Computer kann heute anhand von solchen wissensbasierten Systemen Hypothesen formulieren und Experimente entwickeln. Ein Beispiel ist der Forschungsroboter „Eve", Nachfolgemodell von „Adam". In einem britischen Labor arbeitet Eve daran, neue Medikamente unter anderem für Tropenkrankheiten zu entdecken. Ein weiterer Star der Zunft ist „Cyc", eine Datenbank für Alltagswissen, die Millionen von Regeln eingespeichert hat und weiter wachsen soll. Das Ziel: ein künstlicher gesunder Menschenverstand.

## Die Evolutionisten

Das mächtigste Lernprinzip, so Domingos, ist die Evolution. Sie hat alles Leben auf der Erde, darunter Gehirn und Logik, hervorgebracht. Warum also nicht Programme schreiben, die die natürliche Selektion simulieren?

Das ist die Idee hinter diesem vergleichsweise unbekannten KI-Zweig und seinen genetischen Algorithmen.

Hier treten Bits an die Stelle von Basenpaaren, die bei Mensch und Tier die Erbanlagen weitertragen. Die Bits stehen für Merkmale, in denen sich die Individuen einer Population unterscheiden und die mehr oder weniger vorteilhaft sein können. Jedes Individuum, das sich in der virtuellen Welt des Programms bewährt, kann sich „fortpflanzen". Seine Merkmale werden neu kombiniert und an die nächste Generation weitergegeben.

Bei einer weiteren Variante, dem „evolutionären Lernen", muss sich gleich ein ganzes Programm als überlebenstauglich erweisen. Im „Creative Machines Lab" von Robotiker Hod Lipson an der Columbia University stecken diese Programme in Robotern. Die Fittesten unter ihnen geben ihre „DNA" an ihre Nachfahren weiter: Sie dürfen den 3-D-Drucker programmieren, der die Bauteile für die nächste Generation von Robotern produziert – wobei erfolgreiche Programmpaare ihre Zweige kreuzen. Lipson will den Maschinen unter anderem beibringen, sich selbst zu simulieren. Er hofft, auf diese Weise, kombiniert mit Deep Learning, eines Tages ein künstliches Bewusstsein zu schaffen.

## Die Bayesianer

Diese Schule beschreibt Domingos als eine Art Religion und ihre Anhänger als Gläubige. Ihre Bibel besteht aus einem einzigen Satz, dem Bayes-Theorem, ersonnen im 18. Jahrhundert von einem englischen Pfarrer und Mathematiker namens Thomas Bayes. Die Formel ist den Bayesianern der einzige Halt in einer unsicheren Welt; hundertprozentige Sicherheit kennen sie nicht. Lernen bedeutet für sie, mehr oder minder wahrscheinliche Hypothesen an neue Beobachtungen anzupassen.

Für dieses Update brauchen sie den Satz von Bayes; mit seiner Hilfe lassen sich selbst widersprüchliche Befunde miteinander verrechnen. Die Bayes-Formel definiert die bedingte Wahrscheinlichkeit, dass eine Hypothese zutrifft, gegeben die beobachteten Daten:

$$P(Hypothese|Daten) = P(Hypothese) \times P(Daten|Hypothese)/P(Daten)$$

Beispiel: Wie wahrscheinlich ist es, dass ein Patient HIV-positiv ist (Hypothese), wenn der HIV-Test positiv ausfällt (Daten)? Man multipliziert dazu die Prävalenz von HIV in den USA (0,3 %, also $P = 0,003$) mit der Wahrscheinlichkeit, dass der Test bei Krankheit positiv ausfällt ($P = 0,99$). Das Ergebnis teilt man durch den Anteil aller positiven Testergebnisse, geschätzt 1 % ($P = 0{,}01$). Das ergibt $P = 0{,}297$, eine Wahrscheinlichkeit von rund 30 %! Wer zu einer Hochrisikogruppe zählt, muss allerdings mit einer höheren Prävalenz und somit einem höheren Risiko rechnen.

Mit solchen bedingten Wahrscheinlichkeiten trennt der Naive Bayes-Klassifikator unter anderem E-Mails in Spam und Nicht-Spam. So genannte Markow-Modelle schließen von beobachteten Daten auf verborgene Zustände zurück, zum Beispiel von Aminosäuren auf die Struktur eines Proteins. Und mit bayesschen Netzen prognostizieren autonome Fahrsysteme ungewisse Ereignisse im Straßenverkehr. Die Knoten der Netze repräsentieren Ereignisse, Pfeile ihre Abhängigkeiten. Für seine Erfindung der bayesschen Netze erhielt der US-Informatiker Judea Pearl 2011 den Turing Award. Sein Artikel „Reverend Bayes on inference engines", so heißt es, habe 1982 die probabilistische Revolution in der KI eingeleitet.

# Die Analogisierer

„Die Analogie ist das Herz des Denkens", sagt der Physiker und Kognitionswissenschaftler Douglas Hofstadter, ein prominenter Vertreter der fünften Schule. Sein Credo birgt eine simple Strategie: Macht der Mensch eine neue Beobachtung, erinnert er sich an ähnliche Beobachtungen. Schon eine einzige Erfahrung genügt, um sie auf einen unbekannten Fall anzuwenden. So funktioniert auch der schnellste aller Lernalgorithmen: Nearest-Neighbor genannt. Er ordnet eine neue Beobachtung schlicht jener Kategorie zu, die die meisten ähnlichen Fälle enthält. In der Regel entscheiden diese „nächsten Nachbarn" nach dem Mehrheitsprinzip, gewichtet nach dem Grad der Ähnlichkeit.

Star der Gruppe sind die Support Vector Machines (SVM), entwickelt von dem russischen Statistiker Vladimir Vapnik. Um die Jahrtausendwende galten sie als die besten maschinellen Lernalgorithmen. Beispiel: Auf einer Karte sind Städte zweier verschiedener Länder eingezeichnet, doch die Ländergrenzen fehlen. Bekannt ist nur, welche der Städte zu welchem Land gehören. Support Vector Machines berechnen die Grenze dazwischen und erlauben so, weitere Punkte auf der Karte dem einen oder anderen Land zuzuordnen.

Nach Ähnlichkeiten suchen auch so genannte Recommender Systems, die Algorithmen hinter Produktempfehlungen etwa bei Netflix. Im einfachsten Fall bekommen Zuschauer Filme aus der Kategorie jener Filme vorgeschlagen, die ihnen am besten gefallen haben. Das heute verbreitete „Collaborative Filtering" extrahiert aus den Zuschauervorlieben abstrakte

Geschmacksdimensionen und wählt dann die Filme aus, die von Menschen mit ähnlichem Geschmack gut bewertet wurden.

## Der Master-Algorithmus

Tatsächlich mehren sich Hinweise darauf, dass unser Gehirn Ähnlichkeiten und Unterschiede räumlich repräsentiert. Beim Anblick von ähnlichen Dingen feuern demnach Neurone, die nah beieinanderliegen. „Die von den Orts- und Rasterzellen erzeugten mentalen Karten stellen ein Grundprinzip des menschlichen Denkens dar", glauben Jacob Bellmund und Christian Doeller vom Max-Planck-Institut für Kognitions- und Neurowissenschaften in Leipzig.

Auch Pedro Domingos glaubt an dieses Prinzip: „Wenn der Master-Algorithmus nicht auf Analogien beruht, dann zumindest auf etwas Ähnlichem." In seiner Doktorarbeit kombinierte er Analogien mit Logik und kreierte einen Algorithmus, der aus ähnlichen Fällen abstrakte Regeln ableitet, dazu aber Ausnahmen definiert. Derzeit versucht er, Logik und bayessche Netze unter einen Hut zu bringen, um zugleich komplexes Weltwissen und Unsicherheiten abzubilden. Sein Leitmotiv: die fünf Schulen zu einem universellen Lernprinzip zu vereinen. Bislang bleibt es bei Teilerfolgen: „Wir haben den Master-Algorithmus noch nicht gefunden." Womöglich, vermutet er, fehle noch immer etwas ganz Fundamentales.

## Quellen

Domingos, P.: Unifying instance-based and rule-based induction. Machine Learning 24 (1996). https://link.springer.com/article/10.1007/BF00058656

Bellmund, J. L. S. et al.: Navigation cognition: Spatial codes for human thinking. Science 362 (2018). https://www.science.org/doi/10.1126/science.aat6766

Koren, Y. et al.: Matrix Factorization Techniques for Recommender Systems. IEEE Computer 42 (2009). https://ieeexplore.ieee.org/document/5197422

Quinlan, J. R.: Induction of decision trees. Machine Learning 1 (1986). https://link.springer.com/article/10.1007/BF00116251

LeCun, Y. et al.: Deep Learning. Nature 521 (2015)

# Lernen wie ein Kind

## Alison Gopnik

*Kinder begreifen oft blitzschnell. Wie ihnen das gelingt, untersuchen inzwischen auch Neuroinformatiker. Ihr Wissen soll intelligente Mastchinen dazu bringen, eigenständig zu lernen.*

Wie schaffen es kleine Kinder, in so kurzer Zeit so viel zu lernen? Seit Platons Zeiten zerbrechen sich Philosophen den Kopf darüber, haben jedoch bislang keine befriedigende Antwort gefunden. Mein fünfjähriger Enkel Augie etwa weiß jede Menge über Pflanzen, Tiere und Uhren, von Dinosauriern und Raumschiffen ganz zu schweigen. Außerdem hat er eine Ahnung davon, was andere Menschen von ihm erwarten, wie sie denken und fühlen. Er ordnet mit diesem Wissen neue Eindrücke ein und zieht daraus seine Schlüsse. So erklärte er mir vor Kurzem, die zurzeit im American Museum of Natural History in New York ausgestellte, neu entdeckte Art von Titanosauriern zähle ebenfalls zu den Pflanzenfressern, sei also eher harmlos.

Dabei ist die Information, die Augie von seiner Umwelt aufnimmt, sehr abstrakt und besteht lediglich aus Photonen, die auf die Netzhaut seiner Augen treffen, und Luftschwingungen, die seine Trommelfelle in Bewegung versetzen. Gleichwohl schafft es der neuronale Computer, der sich hinter Augies blauen Augen verbirgt, damit allerhand Wissen über Pflanzen

A. Gopnik (✉)
Berkeley, USA
E-Mail: author@noreply.com

M. Bischoff (Hrsg.), *Künstliche Intelligenz,* https://doi.org/10.1007/978-3-662-62492-0_3

**19**

fressende Titanosaurier anzuhäufen. Da stellt sich die Frage: Können elektronische Rechner das auch?

Seit etwa zwei Jahrzehnten suchen Computerwissenschaftler und Psychologen vergeblich nach einer Antwort. Und wie es aussieht, werden sie an dieser Frage noch Jahrzehnte zu beißen haben. Kleine Kinder lernen durch erstaunlich wenige Beispiele, sei es von Eltern, Lehrern oder anderen Personen in ihrer Umgebung. Trotz der enormen Fortschritte im Bereich der künstlichen Intelligenz (KI) kommen selbst die leistungsfähigsten Computer noch immer nicht an das Lernvermögen Fünfjähriger heran. Doch einige Ansätze gehen bereits in die richtige Richtung.

Nach einer euphorischen Anfangsphase während der 1950er und 1960er Jahre dümpelte die KI-Forschung jahrzehntelang vor sich hin. Erst in den letzten Jahren kam es zu bahnbrechenden Fortschritten, vor allem auf dem Gebiet des maschinellen Lernens. Inzwischen ist die KI eine der heißesten technischen Entwicklungen überhaupt. Der atemberaubende Fortschritt hat allerlei Propheten auf den Plan gerufen, deren Zukunftsvisionen von der Unsterblichkeit bis zum Untergang der Menschheit reichen.

## Roboter als Zwitterwesen

Vielleicht erweckt die KI solch starke Gefühle, weil sie bei den meisten Menschen eine tief sitzende Angst erregt. Die Idee von Zwitterwesen, die den Unterschied zwischen Mensch und Maschine verwischen, wirkt seit jeher äußerst verstörend – vom mittelalterlichen Golem über Frankensteins Monster bis zu Ava, der verführerischen „Robotrix fatale" aus dem Film „Ex Machina".

Aber wie lernen Computer, Katzen, gesprochene Wörter oder japanische Schriftzeichen zu erkennen? In den Einzelheiten mag das schwer nachvollziehbar sein, doch auf den zweiten Blick sind die Grundideen gar nicht so kompliziert.

Der Photonenstrom und die Luftschwingungen, die Augie – wie jeder von uns – mit seinen Sinnesorganen empfängt, erreichen einen Computer als Pixel eines digitalen Bildes beziehungsweise als einzelne Schall-Druckwerte einer Tonaufnahme. Aus diesen Daten gewinnt der Rechner Folgen von Mustern, die er in einem weiteren Schritt Objekten der Umgebung zuordnen kann. Das lernende System erlangt sein Wissen in einer Prozedur namens *bottom-up*, also von unten nach oben, vom Einfachen zum Komplexen. Aus den Rohdaten bildet es Muster und aus diesen schließlich Begriffe.

Dieser Ansatz geht zurück auf die Ideen vieler bedeutender Wissenschaftler, darunter der Philosophen David Hume (1711–1776) und John Stuart Mill (1806–1873) sowie der Psychologen Iwan Pawlow (1849–1936) und Burrhus F. Skinner (1904–1990).

In den 1980er Jahren fanden Forscher eine geniale Methode, um das Bottom-up-Konzept auf Computer zu übertragen: die künstlichen neuronalen Netze. Sie versuchten zu simulieren, wie Nervenzellen die auf unsere Augen treffenden Lichtmuster in eine Repräsentation der Umwelt verwandeln. Die eingehenden Reize (beim Computer die Pixel) werden über mehrere Schichten aus zahlreichen Schaltelementen – Nervenzellen beziehungsweise deren künstliche Gegenstücke – hinweg verarbeitet und dadurch in zunehmend abstraktere Konzepte übersetzt, die etwa für eine Nase oder ein ganzes Gesicht stehen.

Nach einigen Anfangserfolgen stagnierte auch diese Idee für Jahre, bis sie in jüngerer Zeit aus ihrem Dornröschenschlaf erwachte. Neu war diesmal nicht eine revolutionäre Idee, sondern einfach Masse. Die inzwischen ins Gigantische angewachsene Rechenleistung der Computer erlaubte es, mehr Schichten aufeinanderzustapeln; und solche vielschichtigen („tiefen") Deep-Learning-Netze sind inzwischen zu Leistungen fähig, die Technologiegiganten wie Google und Facebook bereits erfolgreich kommerziell nutzen. Außerdem stehen mittlerweile riesige Datenmengen zur Verfügung. Mit mehr Daten, die besser verarbeitet werden können, lernen solche „konnektivistischen" Systeme bei Weitem besser, als wir uns das früher haben vorstellen können.

Lange Zeit schwankte die KI-Gemeinde zwischen ebendiesen Bottom-up-Lösungen und dem umgekehrten Prinzip: „top-down", von oben nach unten. Gemeint ist, dass ein System schon vorhandenes Wissen nutzt, um neue Dinge zu lernen. Übertragen auf den Menschen müsste dieser bereits mit einem gewissen elementaren Vorwissen auf die Welt kommen – sonst wäre er zum Lernen nicht fähig. Sowohl Platon als auch die so genannten rationalistischen Philosophen wie René Descartes (1596–1650) vertraten eine solche Vorstellung. In der Frühzeit der KI spielte der Top-down-Ansatz eine große Rolle; und auch er erlebte in den 2000er Jahren ein Comeback, und zwar in Gestalt der wahrscheinlichkeitstheoretischen oder bayesschen Modellierung.

Das Top-down-Verfahren entspricht einem leicht überzeichneten Bild vom Vorgehen theoretischer Physiker: Erst stellen sie abstrakte und weitreichende Hypothesen über die Welt auf; dann ermitteln sie, wie die Daten aussehen müssten, wenn die Annahmen korrekt sind. Schließlich messen sie diese Daten in der echten Welt und revidieren daraufhin ihre Hypothesen.

# Von unten nach oben …

Doch beginnen wir zunächst mit den Bottom-up-Verfahren. Was genau können wir uns darunter vorstellen? Nehmen Sie einmal an, Ihr Computer solle in Ihrem E-Mail-Posteingang relevante Nachrichten von Spam trennen. Solche Junk-Mails zeichnen sich häufig durch bestimmte Eigenschaften aus: eine lange Empfängerliste, ein Absender aus Nigeria oder Bulgarien, die Nachricht, man habe viel Geld gewonnen oder es gebe Viagra günstig zu kaufen. Jedes dieser Merkmale könnte natürlich auch auf gewöhnliche Mails zutreffen. Und Sie wollen auf keinen Fall ein attraktives Stellenangebot verpassen oder die Nachricht, dass Sie einen akademischen Preis erhalten haben.

Wenn Sie eine große Menge Junk-Mails mit anderen Nachrichten vergleichen, bemerken Sie vielleicht, dass nur im Spam bestimmte verräterische Kombinationen von Kriterien auftauchen: Verspricht etwa ein Absender aus Nigeria eine Million, verheißt das nichts Gutes. Darüber hinaus gibt es eher unauffällige Muster, die nicht durch schlichtes Wörtervergleichen abfragbar sind, zum Beispiel Schreibfehler oder bestimmte IP-Adressen. Wenn Sie derartige Kriterien entdecken und anwenden, bekommen Sie einen sehr trennscharfen Spamfilter. Was der verwirft, können Sie unbesehen löschen. Und die Info, dass das von Ihnen tatsächlich bestellte Viagra soeben an Sie versandt wurde, entgeht Ihnen trotzdem nicht.

Computer, die nach dem Bottom-up-Prinzip arbeiten, können die relevanten Eigenschaften von Spam-und Nicht-Spam-Nachrichten eigenständig erkennen und die E-Mails entsprechend sortieren. Dafür muss ein künstliches neuronales Netz zuvor trainiert werden, also mehrere Millionen Beispiel-E-Mails aus einer Datenbank durchgehen – wobei jede dieser Nachrichten entweder als „Spam" oder „Nicht-Spam" markiert ist. Der Algorithmus lernt allmählich, welche Merkmale den jeweiligen Typ von E-Mail charakterisiert.

Eine besondere Bottom-up-Methode, das so genannte unüberwachte Lernen *(unsupervised learning)*, arbeitet ganz ohne „Lehrer". Ein entsprechend programmiertes Netz ist in der Lage, Muster zum Beispiel in Bildern zu erkennen, obgleich ihm beim Training niemand verraten hat, was auf dem jeweiligen Bild zu sehen ist. Es lernt einfach durch Erfahrung, dass gewisse Merkmalskombinationen häufig vorkommen, etwa eine Nase und Augen in der richtigen Stellung zueinander. So entdeckt das Netz, dass es Gesichter gibt und dass sie sich von den Bäumen und Bergen im Hintergrund unterscheiden.

Mittlerweile sind Bottom-up-Methoden ungeheuer erfolgreich. In einem 2015 in „Nature" erschienenen Artikel erklären Wissenschaftler des Google-Unternehmens DeepMind, wie ihr Computer eine Reihe klassischer Atari-Videospiele lernte. Zunächst machte der Algorithmus in völliger Ahnungslosigkeit zufällige Züge und erhielt sogleich Feedback über seine Erfolge beziehungsweise Misserfolge, ein Vorgehen, das Forscher

„verstärkendes Lernen" oder *„reinforcement learning"* nennen. Dabei verschaffte er sich mit Hilfe des Deep Learning ein Bild von den Figuren und anderen Elementen des Spiels. In mehreren Durchgängen erreichte er die Fähigkeiten eines professionellen Spieletesters oder übertraf ihn sogar um Größenordnungen. Jedoch versagte er völlig bei anderen Spielen, die einem Menschen ebenso einfach erscheinen.

Da künstliche neuronale Netze aus großen Datenmengen – Millionen von Instagram-Bildern, E-Mails oder Sprachaufnahmen – lernen können, lösen sie inzwischen Probleme, die noch vor einigen Jahren unüberwindlich schienen, etwa im Bereich der Bild- und Spracherkennung. Wir dürfen allerdings nicht vergessen: Mein Enkel schafft das mit weitaus weniger Daten und Training, und obendrein beantwortet er beinahe beliebige Fragen zum Thema. Was ein Fünfjähriger mit links erledigt, kann für einen Computer auch heute noch deutlich komplizierter sein, als beispielsweise Schach zu lernen.

Um ein Gesicht mit Fell und Schnurrhaaren richtig einzuordnen, braucht ein neuronales Netz oft Millionen von Beispielen, während wir mit einigen wenigen auskommen (siehe auch Kap. 11). Nach fleißigem Üben mag ein Computer in der Lage sein, eine Katze, die er noch nie gesehen hat, als solche zu erkennen. Aber er kommt zu dieser Erkenntnis auf einem völlig anderen Weg als ein Mensch, und er macht auch andere Fehler. So hält er etwa Strukturen auf Bildern für Katzen, die für einen Menschen nach etwas völlig anderem aussehen, und umgekehrt.

## ... und von oben nach unten

Zu dem entgegengesetzten Konzept „top-down" kann ich eine Geschichte aus der „Spam-Welt" beisteuern, die ich selbst erlebt habe. Ich erhielt eine Mail von dem Herausgeber einer Zeitschrift, deren Namen ich nicht kannte. Der Absender bezog sich auf einen meiner Artikel und schlug mir vor, eine Veröffentlichung für sein Journal zu schreiben – kein Nigeria, kein Viagra und keine Millionenversprechen. Die üblichen Merkmale für Spam lagen sämtlich nicht vor. Trotzdem kam mir die Nachricht verdächtig vor.

Der Grund: Ich wusste bereits, wie Spam produziert wird; dass die Absender oft versuchen, an das Geld ihrer Opfer zu kommen, indem sie deren Gier ansprechen. Und für einen Akademiker mag eine Veröffentlichung in einem Journal ähnlich attraktiv sein wie für andere ein großer Geldbetrag oder die Steigerung der sexuellen Leistungsfähigkeit. Außerdem wusste ich, dass frei zugängliche *(open access)* Zeitschriften inzwischen dazu übergehen, statt der Leser die Autoren zur Kasse zu bitten. Drittens hatte meine Arbeit absolut nichts mit dem Titel des Journals zu tun. All dies zusammen ergab die plausible Hypothese, dass diese Mail Akademikern für die Veröffentlichung in einer Zeitschrift, die niemand liest, Geld aus der Tasche ziehen sollte. Ein einziger Anhaltspunkt, die merkwürdige E-Mail, genügte mir, um die Hypothese aufzustellen. Deren Nachprüfung, im Internet nachsehen, welchen Ruf der Herausgeber genießt, war dann der logische nächste Schritt.

Ein Computerwissenschaftler würde meinen Gedankengang als „generatives Modell" bezeichnen. Das ist ein System, das abstrakte Begriffe wie „Gier" und „Betrug" bilden und beschreiben kann, wie Hypothesen erstellt werden, etwa die Gedankenkette, die mich veranlasst hat, die Mail als Spam zu verdächtigen. Das generative Modell in meinem Kopf liefert nicht nur eine plausible Erklärung dafür, wie der Absender der Junk-Mail es angestellt hat, eine so große Zahl an Nachrichten zu versenden, dass er hinreichend viele gutgläubige Opfer findet; ich kann mir auch andere Arten von Spam ausdenken, darunter solche, von denen ich noch nie gehört habe.

Generative Modelle spielten eine Hauptrolle in der ersten Welle der KI und der Kognitionswissenschaft in den 1950er und 1960er Jahren; schon damals zeigten sich jedoch ihre Grenzen. Erstens gibt es im Allgemeinen verschiedene Hypothesen, die dieselben Daten erklären können. Die merkwürdige Mail des Zeitschriftenherausgebers hätte ernst gemeint sein können, auch wenn das unwahrscheinlich war. Also müssen generative Modelle ihre Hypothesen mit einer bestimmten Wahrscheinlichkeit versehen. Wie das funktioniert, ist heute eine wichtige Frage in der Neuroinformatik. Zweitens ist es häufig unklar, wo die grundlegenden Vorstellungen herkommen, aus denen die generativen Modelle ihre Begriffswelt aufbauen. Denker wie René Descartes und Noam Chomsky glaubten, wir seien von Anfang an mit ihnen geboren. Aber kommen wir wirklich mit einem Begriff von Neid oder Betrug zur Welt?

Beide Problemfelder geht ein Ansatz an, der unter den neueren Top-down-Ideen den ersten Rang einnimmt: bayessches Schlussfolgern *(Bayesian inference)*. Benannt nach dem Statistiker und Philosophen Thomas Bayes (1701–1761), kombiniert die Methode generative Modelle mit Wahrscheinlichkeitstheorie. Sie berechnet, mit welcher Wahrscheinlichkeit ein bestimmtes Muster auftritt, und zwar unter der Voraussetzung, dass eine zuvor aufgestellte Hypothese zutrifft.

### Zwei Wege des maschinellen Lernens

Wie verschafft sich ein Computer ein Bild von dem Buchstaben A, so dass er ihn später in diversen Texten – handgeschrieben oder gedruckt – wiedererkennen kann? Diese Aufgabe erledigt ein fünfjähriges Kind im Handumdrehen, stellt für Maschinen aber nach wie vor eine große Herausforderung dar. Zurzeit existieren zwei konkurrierende Lösungsansätze: Das Bottom-up-Verfahren erfordert langes Training und unzählige Beispiele, während der Top-down-Ansatz auf einen bereits vorhandenen Grundstock an Wissen baut.

# Zwei Wege in der aktuellen KI-Forschung

**Wie verschafft sich eine Maschine ein Bild von dem Buchstaben A, so dass sie ihn später in diversen Texten – handgeschrieben, in ungewöhnlicher Form oder verblasst – wiedererkennen kann? An diesem Beispiel werden die beiden aktuellen Ansätze der KI vorgestellt.**

## Bottom-up (Deep Learning)

Aus verschiedenen Beispielen des Buchstaben »A« lernt der Computer unterschiedliche Anordnungen aus hellen und dunklen Pixeln als Versionen des gleichen Zeichens zu erkennen. Das System vergleicht ein neu vorgelegtes Zeichen mit den so erworbenen Daten und bestätigt daraufhin, dass es tatsächlich ein »A« ist. Deep Learning ist eine erheblich weiterentwickelte Version dieses Grundgedankens.

Das System wird mit einer großen Masse von Rohdaten trainiert (in diesem Fall Pixeln).

Input

Im Vergleich Pixel für Pixel passt dieses Zeichen zu den gelernten Trainingsdaten. Also ist es ein A.

## Top-down (bayessches Schlussfolgern)

Auf die Vorlage eines Beispiels (hier des Buchstaben »A«) hin erzeugt die Maschine ein Modell des Objekts aus ihrem internen Vorrat an elementaren Bauteilen; in diesem Fall sind es zwei Striche, die sich oben in einem spitzen Winkel treffen, plus ein Querstrich. Mit Hilfe dieses Modells kann sie krumme und schiefe Versionen zuverlässig erkennen oder auch selbst erzeugen und den so erworbenen Begriff auf verschiedene Weise abwandeln.

Input

Das System lernt einen neuen Begriff an einem einzigen Beispiel; das genügt, um eine Reihe von Aufgaben zu bewältigen.

neu vorgelegte Zeichen erkennen

neue Beispiele erzeugen

das Objekt in Teile zerlegen

neue Begriffe bilden

JEN CHRISTIANSEN; TOP DOWN METHODE NACH LAKE, B.M. ET AL. HUMAN-LEVEL CONCEPT LEARNING THROUGH PROBABILISTIC PROGRAM INDUCTION. IN: SCIENCE 350, S. 1332–1338, 2015 / SCIENTIFIC AMERICAN JUNI 2017

# Eine Frage der Wahrscheinlichkeit

Wenn eine Mail Spam ist, dann zielt sie vermutlich auf die Gier oder Eitelkeit des Empfängers ab. Aber natürlich kann es auch sein, dass der Absender einer gewöhnlichen Nachricht auf solche Gefühle setzt. Ein bayessches Modell setzt das Vorwissen mit den vorliegenden Daten in Beziehung und bestimmt daraus ziemlich genau die Wahrscheinlichkeit dafür, dass soeben eine Spam-Mail eingegangen ist – oder eben doch eine ganz normale Nachricht.

Zu dem, was wir über das Lernverhalten von Kindern wissen, passt *top-down* besser als *bottom-up*. Deshalb untersuche ich mit meinem Team an der University of California in Berkeley mit Hilfe bayesscher Modelle, wie Kinder Kausalzusammenhänge erlernen. Dabei versuchen wir vorherzusagen, wann und wie sich neue Vorstellungen über die Welt aneignen und bereits vorhandene revidieren.

Bayessche Methoden sind ein hervorragendes Konzept, um Maschinen so lernen zu lassen wie Menschen. 2015 entwickelte Joshua Tenenbaum vom Massachusetts Institute of Technology gemeinsam mit Brenden M. Lake von der New York University eine künstliche Intelligenz, die unbekannte handgeschriebene Buchstaben erkennt – eine Aufgabe, die zwar Menschen leichtfällt, aber Maschinen große Schwierigkeiten bereitet.

Denken Sie an Ihre eigenen Fähigkeiten: Wenn Sie zum ersten Mal in Ihrem Leben ein Zeichen auf einer alten japanischen Schriftrolle sehen, können Sie wahrscheinlich sagen, ob es mit einem Zeichen auf einer anderen Schriftrolle übereinstimmt oder nicht. Sie können es einigermaßen mit der Hand kopieren und sogar einen Fantasiebuchstaben malen, der irgendwie altjapanisch aussieht; und Sie erkennen auf den ersten Blick den Unterschied zu einem koreanischen oder kyrillischen Schriftzeichen. Genau das konnte die Software von Tenenbaums Gruppe am Ende auch.

Beim Bottom-up-Lernen würde der Computer aus Tausenden von Beispielen gewisse Muster extrahieren und mit deren Hilfe neu vorgelegte Zeichen erkennen. Stattdessen legte sich das System ein bayessches Modell dafür zu, wie man einen Buchstaben zeichnet; zum Beispiel einen Strich nach rechts gefolgt von einem Strich nach oben. Und nachdem die Software mit dem einen Buchstaben fertig war, ging sie zum nächsten über.

Wenn das Programm einen Buchstaben sah, konnte es die Folge der Linien herleiten, aus denen er bestand, und daraufhin eine ähnliche Strichfolge produzieren. Im Prinzip vollzog es dieselben Gedankengänge wie ich, als ich die Mail von der dubiosen Zeitschrift als Spam klassifizierte. Nur ging es diesmal nicht um die Wahrscheinlichkeit, dass eine Nachricht in unlauterer Absicht verfasst worden war, sondern darum, dass eine bestimmte Folge von Linien den erwünschten Buchstaben ergeben würde. Dieses Top-down-Programm zeigte frappante Ähnlichkeiten mit der Leistung von Menschen und funktionierte bedeutend besser als Bottom-up-Techniken des Deep Learning, die auf dieselben Daten angewandt wurden.

Die beiden führenden Ansätze des maschinellen Lernens, *bottom-up* und *top-down,* ergänzen sich in ihren Stärken und Schwächen. Bei *bottom-up* muss das System zunächst absolut nichts über Katzen wissen, braucht aber eine große Datenmenge. Das bayessche System dagegen kann aus nur wenigen Beispielen lernen und ist gut im Verallgemeinern, benötigt jedoch sehr viel Vorarbeit, bis es die richtigen Hypothesen entwerfen kann. Und bei beiden Systemarten stoßen die Entwickler auf gleichartige Hindernisse. Beide funktionieren nur bei relativ begrenzten und gut definierten Problemen, wie etwa dem Erkennen von Katzen oder Buchstaben oder dem Spielen auf dem Atari.

Unter diesen Einschränkungen leiden kleine Kinder nicht. Irgendwie, so haben Entwicklungspsychologen herausgefunden, kombinieren sie das Beste aus beiden Methoden und gehen noch weit darüber hinaus. Augie kann – ganz *top-down* – aus nur einem oder zwei Beispielen lernen. Zugleich extrahiert er aus den Daten – quasi *bottom-up* – völlig neue Begriffe, die nicht von Anfang an da waren.

Augie erkennt mühelos Katzen und unterscheidet Buchstaben. Zudem zieht er kreative und überraschende neue Schlüsse, die weit über seine Erfahrungen oder sein Hintergrundwissen hinausgehen. Vor Kurzem erklärte er mir, wenn ein Erwachsener sich in ein Kind zurückverwandeln wolle, dann solle er möglichst kein gesundes Gemüse essen. Klar doch: Wenn du Spinat und Ähnliches isst, wirst du groß und stark; wenn du aber genau das Gegenteil willst … Bisher haben wir so gut wie keine Idee, wie diese Art von kreativer Argumentation entsteht.

Wir sollten an diese immer noch unverstandenen und geheimnisvollen Kräfte des menschlichen Geistes denken, wenn wir die Behauptung hören, die KI sei eine existenzielle Bedrohung. Künstliche Intelligenz und maschinelles Lernen klingen beängstigend, und in gewisser Weise sind sie es auch. Immerhin arbeitet das Militär schon an ihrem Einsatz für die Steuerung von Waffen.

Aber es gibt etwas, das weitaus gefahrenträchtiger ist als künstliche Intelligenz: natürliche Dummheit. Wir Menschen müssen uns viel geschickter als in der Vergangenheit anstellen, wenn wir mit den neuen Technologien richtig umgehen wollen.

© Scientific American (https://www.scientificamerican.com/article/gopnik-artificial-intelligence-helps-in-learning-howchildren-learn/)

## Quellen

Gopnik, A., Tenenbaum, J.: Bayesian networks, Bayesian learning and cognitive development. Dev. Sci. **10**, 281–287 (2007)

Gopnik, A.: The Gardener and the Carpenter: What the New Science of Child Development Tells Us about the Relationship between Parents and Children. Farrar, Straus & Giroux, New York (2016)

Lake, B.M., et al.: Human-level concept learning through probabilistic program induction. Science **350**, 1332–1338 (2015)

Mnih, V., et al.: Human-level control through deep reinforcement learning Nature **518**, 529–533 (2015)

# Maschinen das Träumen lehren

## Anna von Hopffgarten

*Danko Nikolić hat einen „Kindergarten für künstliche Intelligenz" entwickelt, der Computer so schlau machen soll wie Menschen.*

### Danko Nikolić

studierte Psychologie und Ingenieurwissenschaft an der Universität Zagreb in Kroatien. 1999 promovierte er in Psychologie an der University of Oklahoma. Im selben Jahr wechselte er zum Max-Planck-Institut für Hirnforschung in Frankfurt am Main und begann dort, mit so genannten Multichannel-Elektroden die neuronale Aktivität an verschiedenen Stellen des Katzengehirns parallel aufzuzeichnen. 2010 wurde er zum Privatdozenten der Universität Zagreb ernannt und 2014 zum Associate Professor. Seit 2016 beschäftigt er sich mit Fragen aus dem Bereich der Datenwissenschaften und entwickelt wirtschaftliche Anwendungen für KI-Systeme.

### Herr Professor Nikolić, was reizt Sie an künstlicher Intelligenz?

Mein Interesse an dem Thema geht auf ein Missverständnis zurück. Ich war etwa zehn Jahre alt und lebte in Kroatien, wo es zu der Zeit noch keine Computer im Laden zu kaufen gab. Einer der wenigen Rechner im Land –

---

Interview mit Danko Nikolić

---

A. von Hopffgarten (✉)
Heidelberg, Deutschland
E-Mail: author@noreply.com

M. Bischoff (Hrsg.), *Künstliche Intelligenz,* https://doi.org/10.1007/978-3-662-62492-0_4

**29**

vielleicht sogar der einzige – gehörte zur Verwaltung der Sozialversicherung. Er konnte natürlich noch nicht viel, war aber in den Augen vieler etwas ganz Besonderes, weshalb sich gerade unter Kindern allerhand Mythen um ihn rankten. Ich dachte beispielsweise, er könne denken wie ein Mensch. Deshalb wollte ich unbedingt auch so einen haben, wenn ich groß bin. Als ich endlich meinen ersten Computer bekam, war ich sehr enttäuscht. Er war kein bisschen intelligent. Von da an wollte ich herausfinden, wie man intelligente Maschinen bauen kann. Diese Frage hat mich komplett eingenommen. Ich habe viel darüber gelesen und irgendwann festgestellt: Bevor das möglich ist, muss man zuerst das menschliche Gehirn verstehen.

**Haben Sie es verstanden?**
Teilweise, hoffentlich. Trotz unzähliger Studien gibt es allerdings immer noch keine allgemein akzeptierte Erklärung dafür, wie unsere physiologische Hardware mentale Vorgänge ermöglicht – etwa zu denken, zu entscheiden, zu handeln und wahrzunehmen. Die aktuelle Lage der kognitiven Neurowissenschaften ähnelt derjenigen der chemischen Forschung während der Blütezeit der Alchemie. Wissenschaftler beobachteten allerhand kuriose Phänomene im Labor, doch niemand hatte eine Ahnung, was genau dahintersteckte, da noch keine allumfassende Theorie über das Wesen der chemischen Elemente existierte.

**Dennoch versuchen Computerwissenschaftler und Hirnforscher, künstliche Intelligenzen zu entwickeln, die der menschlichen vergleichbar sind. Ist das überhaupt möglich?**
Wenn überhaupt, wird das äußerst schwer sein und sehr lange dauern. Denn Intelligenz ist nicht nur ein ausgeklügelter neuronaler Algorithmus unseres Gehirns. Auch andere Körperteile „denken" mit. Wenn wir beispielsweise Entscheidungen treffen, hören wir unter anderem auf unser Bauchgefühl. Allein das enterische Nervensystem in der Darmwand enthält rund 100 Mio. Neurone – etwa so viel wie ein Mäusegehirn. Wollen wir eine intelligente Maschine bauen, die zum Beispiel etwas ästhetisch Wertvolles schafft, wie einen künstlichen Architekten oder Komponisten, muss diese beurteilen können, ob ihr Werk positive Gefühle auslöst. Wir Menschen verlassen uns dabei nicht nur auf die Beurteilung des Gehirns, sondern ebenso auf Signale aus anderen Körperbereichen. Gänsehaut ist so ein Zeichen. Wenn uns etwas bewegt, stellen sich die Härchen auf unserer Haut auf, ohne dass wir den genauen Auslöser kennen. Maschinen kriegen keine Gänsehaut, sie müssen bei Entscheidungen auf andere Dinge zurückgreifen.

**Worauf zum Beispiel?**
Aktuelle KI-Systeme können lernen, was bei Menschen Gänsehaut auslöst, und nach entsprechenden Gesetzmäßigkeiten suchen. Dieses Wissen können sie dann auf neue Situationen interpolieren. Sie sind jedoch nicht in der Lage zu extrapolieren: etwas Neues zu erfinden, für das es noch keine Trainingsdaten gibt.

**Es würde also gar nicht reichen, das menschliche Gehirn nachzubilden, wenn wir menschenähnliche Intelligenz erschaffen wollten?**
Nein. Wir bräuchten auch noch einen Körper mit Organen wie Magen, Muskeln, Herz, Haut und so weiter. Denn diese arbeiten eng zusammen, wenn wir Entscheidungen treffen. Je mehr ein KI-System dem Menschen ähneln soll, desto exakter müssen wir die Biologie kopieren.

**Wie kann das gelingen?**
Ob das irgendwann überhaupt einmal möglich sein wird, ist schwer zu sagen. Zuerst müssen wir uns jedoch von der Art und Weise verabschieden, nach der heutige künstliche neuronale Netze arbeiten.

**Warum? Aktuelle Systeme sind doch schon sehr erfolgreich und erledigen manche Dinge besser als Menschen, Schachcomputer zum Beispiel.**
Ja, aber sie sind absolut unflexibel. Sie lernen mit Hilfe eines Trainingsdatensatzes, eine Aufgabe zu bewältigen, zum Beispiel Menschen auf Bildern zu erkennen. Mit ausreichend Übung werden sie darin sogar sehr gut. Ihnen fehlt jedoch eine entscheidende Fähigkeit: schnell auf neue Situationen zu reagieren, für die noch keine Trainingsdaten existieren. Das ist auch der Grund, warum autonome Autos immer wieder Fehler machen werden. Selbst ein einfacher PC ohne jeglichen KI-Algorithmus kann bedeutend schneller rechnen als ich und markiert alle Rechtschreibfehler in meinen Texten, noch bevor der Prozessor warm ist. Dennoch bin ich viel schlauer. Rechenleistung und Intelligenz sind nicht das Gleiche, weil Letztere Flexibilität und echtes Verstehen voraussetzt.

### Das chinesische Zimmer – was Maschinen (nicht) können

Einem Computer, der Fragen beantworten oder Schach spielen kann, würden viele ein gewisses Maß an Intelligenz zuschreiben. Aber ist diese wirklich vergleichbar mit dem menschlichen Denkvermögen? Schon vor Jahrzehnten diskutierten Experten diese Frage. Der Philosoph John Rogers Searle (* 1932) von der University of California in Berkeley gehörte dabei von Anfang an zu den Zweiflern.

Um zu widerlegen, dass Computer denken können, entwarf er 1980 ein berühmtes Gedankenexperiment: Ein Mann befindet sich in einem geschlossenen Raum. Durch einen Türschlitz schiebt ihm jemand einen Zettel mit einer Geschichte in chinesischer Schrift zu. Weil der Mann die chinesische Sprache nicht beherrscht, kann er die Zeichen nicht entziffern und die Geschichte somit nicht verstehen. Ein zweiter Zettel kommt durch den Schlitz, diesmal mit Fragen zum Inhalt der Geschichte, wieder in chinesischer Schrift. In dem Raum befindet sich jedoch ein Handbuch mit Transformationsregeln, eine Art Datenbank mit chinesischen Sätzen. Der Mann malt die zu den Fragen passenden Zeichenfolgen aus dem Handbuch auf einen Zettel und reicht ihn aus dem Zimmer heraus. Ein Chinese liest die Sätze und kommt zu dem Urteil, der Mann in dem Raum habe die Geschichte verstanden. Dabei hat er nur die vorgegebenen Regeln befolgt, ohne zu begreifen, worum es ging.

Laut Searle entspräche dies der Arbeitsweise einer Maschine mit (vermeintlicher) künstlicher Intelligenz. Sie kann lediglich Syntaxregeln korrekt anwenden, ohne die Bedeutung zu erkennen. Der Philosoph bezeichnete sie daher als System mit „schwacher Intelligenz". Ein künstliches neuronales Netz mit „starker Intelligenz" müsse hingegen die Semantik verstehen – so wie Menschen es tun.

**Welche Lösung schlagen Sie vor?**

KI-Systeme, die eine menschenähnliche Intelligenz erlangen sollen, müssen ihr Wissen anders organisieren. Aktuelle Netze bestehen aus einem Satz an Gleichungen. Anfangs sind sie völlig „leer", das heißt, sie können nichts. Erst indem man Millionen von Parametern richtig setzt, erlangen sie ihr Wissen. Das passiert in einem mehr oder weniger aufwändigen Training. Anschließend sind alle notwendigen Fähigkeiten – als so genannte synaptische Gewichtungen – in einer Art Box enthalten. Sie enthält riesige Mengen an „Wissen" und ein paar wenige Lernregeln. Doch so funktioniert unser Gehirn nicht!

**Sondern?**

Das Gehirn hat nicht alles schon vorbereitet, was wir fürs Leben brauchen. Dauernd lernen wir Neues dazu und aktualisieren unsere Repräsentation der Umgebung. Wenn wir zum Beispiel morgens unsere Augen öffnen und unseren Blick durchs Schlafzimmer schweifen lassen, lernen wir immer wieder aufs Neue, was sich wo befindet – der Schrank, der Stuhl oder die Bauklötze auf dem Boden. Dann können wir durch den Raum laufen, ohne irgendwo anzustoßen. Das geschieht ständig im Leben. Die Fähigkeit, in Sekundenbruchteilen neue Dinge zu erfassen, ist fest in unserem Gehirn angelegt.

**Wie könnte man künstliche neuronale Netze mit dieser Eigenschaft ausstatten?**

Ich habe dazu eine neue Theorie entworfen, die ich Practopoiesis nenne – von altgriechisch „prâxis", Handlung, und „poíēsis", Schaffen. Ihr zufolge müssten KI-Systeme viel mehr Speicherkapazität auf Lernregeln verwenden und deutlich weniger auf bereits vorbereitetes Wissen in der besagten „Box". Sie soll nur enthalten, was für die momentane Situation vonnöten ist, also eine Art Arbeitsgedächtnis darstellen. Intelligente Maschinen müssten daher auf zwei Lernsystemen aufbauen, einem langsamen und einem schnellen. Das langsame vermittelt letzterem, *wie* man schnell lernt, und dieses wiederum passt das Netz an neue Situationen an. Es ermöglicht dem Algorithmus rasch, anhand nur eines Beispiels zu lernen, weil es auf das Wissen der langsamen Lernebene zurückgreifen kann. Das ist natürlich sehr aufwändig und kostet vor allem Zeit – wie im echten Leben. Der Vorteil aber ist, dass solche Systeme deutlich flexibler sind. Nur so wird eine künstliche Intelligenz in der Lage sein, die Welt zu verstehen. Klassische KI-Systeme können das nicht.

**Arbeitet das menschliche Gehirn nach dem gleichen Prinzip?**

Nach meiner Theorie ja. In unseren Genen sind bestimmte generelle Lernregeln angelegt. Über die Genexpression werden Proteine beispielsweise für Membrankanäle oder Rezeptoren hergestellt, die es den Nervenzellen im Gehirn ermöglichen, ihre Arbeitsweise zu justieren. Dieser Vorgang entspricht den Aufgaben der langsamen Ebene, welche wiederum dem schnellen Lernsystem erlauben, sich rasch auf neue Situationen einzustellen. Im Gehirn geschieht das durch die Aktionen der neuen Membrankanäle und Rezeptoren.

**Die Gene sind im Zuge der Evolution über Millionen von Jahren hinweg entstanden und haben sich immer weiter optimiert. Ein vergleichbares Maschinengenom in einem Bruchteil der Zeit zu erstellen, erscheint utopisch.**

Wir haben natürlich nicht so viel Zeit. Deshalb müssen wir versuchen, so viele Eigenschaften wie möglich vom menschlichen auf das Maschinengenom zu übertragen. Dazu habe ich ein Lernprotokoll entwickelt, das ich KI-Kindergarten nenne, weil es viele Parallelen zur Kindheitsentwicklung aufweist.

**Wie funktioniert es?**
Das Grundprinzip des KI-Kindergartens ist die Interaktion zwischen Maschinen und Menschen. Anfangs sind die Maschinen noch dumm und unerfahren, sie bekommen jedoch permanent Feedback, ähnlich wie ein Kind von seinen Eltern. Die Erwachsenen spielen und beschäftigen sich mit ihm, sie loben es, wenn es etwas richtig gemacht hat, beziehungsweise weisen es bei Fehlverhalten zurecht. Das Gleiche soll mit den Maschinen geschehen. Was sie auf diese Weise gelernt haben, geben sie an andere Roboter weiter.

**Das heißt, ein intelligentes System kann niemals aus nur einer isolierten Maschine bestehen?**
Genau. Denn sie muss immer wieder Rückmeldung von Menschen und anderen Maschinen bekommen. Und je mehr solcher Erfahrungen zeitgleich gesammelt und ausgetauscht werden, desto effizienter erlangt das Gesamtsystem die notwendigen Kompetenzen. Nehmen wir an, 100 Menschen trainieren jeweils einen kleinen Roboter. Alle 100 kleinen künstlichen Intelligenzen trainieren anschließend gemeinsam eine große, die wiederum ihr Gesamtwissen an jeden einzelnen kleinen Roboter zurückgibt. Diese interagieren dann erneut mit Menschen und erhalten Feedback von ihnen, um schließlich ihre neuen Erfahrungen wieder an den großen Roboter weiterzugeben. Diesen Kreislauf muss man immer wieder durchlaufen. Ein wenig erinnert der Prozess an das, was während des Schlafs in unserem Gehirn vorgeht.

**Inwiefern?**
Unsere Träume haben unter anderem den Zweck, die Dinge, die wir am Tag gelernt haben, mit vorhandenem Wissen zu verknüpfen. Über Nacht werden die Membrankanäle und Rezeptoren so justiert, dass neue Lerninhalte mit älteren abgeglichen werden. Dies ist eine große Herausforderung für die KI-Forschung. Wenn wir ein herkömmliches künstliches neuronales Netz trainieren, wiederholen wir ein und dasselbe Beispiel unzählige Male. Wollen wir ihm etwa beibringen, Autos und Blumen zu erkennen, müssen wir ihm dieselbe Anzahl an Auto- und Blumenbildern in zufälliger Reihenfolge präsentieren. Nur so sind die zwei Repräsentationen im System ausgeglichen. Würde es mit einer Million Autofotos, aber nur zehn Blumenbildern trainiert, würde es alle Dinge für Autos halten. Für Kinder dagegen reicht eine einzige Blüte aus, um zu begreifen, was das Wesen einer Blume ausmacht. Denn ihr Gehirn kann über Nacht das neu Gelernte mit dem bereits vorhandenen Wissen verknüpfen.

**Wie lange müsste eine Maschine den KI-Kindergarten besuchen, bis sie so intelligent ist wie ein Mensch?**

Das ist unmöglich vorherzusagen. Wenn wir ein Kind aufziehen, dauert es ungefähr 20 Jahre, bis es problemlos für sich selbst sorgen kann. Bei einem künstlichen System kann es nicht schneller gehen. Es könnte aber auch 100 Jahre dauern.

**Hängt die Geschwindigkeit auch von der Hardware des Computers ab?**

Ja, die spielt ebenfalls eine gewisse Rolle. Aber wichtig sind vor allem die Interaktion mit Menschen und die echten Erfahrungen. Die kann man nicht beschleunigen.

**Ist der KI-Kindergarten bislang nur eine Theorie, oder haben Sie schon mit der Umsetzung begonnen?**

Bislang ist er nur ein Konzept. Ich habe allerdings mit Kollegen das theoretische Gesamtsystem in kleine Abschnitte zerlegt und entsprechende Algorithmen programmiert. Diese haben wir auch bereits trainiert – als Proof of Concept, dass die Theorie in die richtige Richtung geht. Dazu haben wir kürzlich eine Demoversion erstellt, die man auf der Website „robotsgomental. com" testen kann. Es gibt allerdings noch ein ganz anderes Problem: Wir haben bislang niemanden gefunden, der die Entwicklung finanziert.

**Wo könnte ein solcher Algorithmus zum Einsatz kommen?**

Wir entwickeln zurzeit spezialisierte intelligente Systeme, die Ereignisverläufe vorhersagen können, beispielsweise Aktienkurse. Später wollen wir ihre Kompetenzen auf Ton- und Bildverarbeitung ausweiten. Es sind natürlich unzählige andere Anwendungen denkbar.

**In manchen Science-Fiction-Szenarien bekämpfen superintelligente Maschinen die Menschheit. Ist das realistisch?**

Nein, die Intelligenz künstlicher neuronaler Netze kann nicht unkontrolliert wachsen. Das wäre wie ein Perpetuum mobile: Von nichts kommt nichts. Man kann nur intelligenter werden, indem man von der Umwelt lernt. Und ein KI-System wird niemals in der Lage sein vorauszusagen, welches Wissen es in Zukunft erwerben wird. Das bedeutet auch: Das Verständnis der Welt ist begrenzt; das gilt für uns genauso wie für Maschinen. Höhere Intelligenz ist nur durch einen sehr langsamen Lernprozess möglich.

*Das Gespräch führte Anna von Hopffgarten, promovierte Biologin und Redakteurin bei „Gehirn&Geist".*

# Maschinen mit menschlichen Zügen

George Musser

*Künstliche Intelligenzen werden uns zusehends ähnlicher. Neben einer schnellen Auffassungsgabe und Kreativität verfügen erste Algorithmen nun auch über die Fähigkeit, ihre Umgebung zu verstehen.*

In den letzten Jahren haben Maschinen in vielen Bereichen eine ähnliche Leistungsfähigkeit wie wir Menschen erreicht, etwa wenn es darum geht, Gesichter zu erkennen oder Texte in andere Sprachen zu übersetzen – ganz zu schweigen von ihren Erfolgen in Brett- und Arcadespielen. Daher könnte man vielleicht erwarten, dass Computerwissenschaftler anfangen, auf die menschliche Intelligenz herabzublicken. Aber ganz im Gegenteil geraten die Forscher geradezu ins Schwärmen, wenn es um das menschliche Gehirn geht: Vor allem dessen Anpassungsfähigkeit und das breite Spektrum an Fähigkeiten erstaunt sie immer wieder.

Von solchen Eigenschaften sind Maschinen nämlich noch weit entfernt. Wenn eine künstliche Intelligenz (KI) auf eine Aufgabe trainiert wurde, fällt es ihr schwer, eine zweite, wenn auch ähnliche zu erlernen. Zudem ist nicht immer klar, wie sie zu ihrem Ergebnis kam; der rechnerische Vorgang ist ziemlich undurchsichtig. Doch das wohl bedeutendste Hindernis für zukünftige Entwicklungen ist, dass die meisten Programme nur sehr langsam lernen und dazu auch noch enorme Datenmengen brauchen, die nicht immer vorliegen.

G. Musser (✉)
New York, USA
E-Mail: author@noreply.com

**37**

M. Bischoff (Hrsg.), *Künstliche Intelligenz,* https://doi.org/10.1007/978-3-662-62492-0_5

Aus diesem Grund konzentrieren sich die – durchaus beeindruckenden – Erfolge des maschinellen Lernens auf einige ausgewählte Bereiche. Möchte man etwa eine Bilderkennungssoftware entwickeln, findet man haufenweise Beispielbilder von Katzen oder Prominenten, mit denen man das Programm trainieren kann. Bei anderen Datensätzen, etwa medizinischen Scans, ist das schon schwieriger.

Die enormen Ressourcen sind nicht das einzige Problem gegenwärtiger KIs. Inzwischen werden solche Algorithmen im Bank- und Rechtswesen eingesetzt, um Kredite zu bewilligen oder Gefängnisstrafen festzulegen. Die Programme sind allerdings eine Art Blackbox: Sie spucken ein Ergebnis aus, begründen es aber nicht. Gerade angesichts der aktuellen gesetzlichen Festlegungen wird eine nachvollziehbare Argumentation von Maschinen immer wichtiger: Mit der Datenschutz-Grundverordnung von 2018 gewährte die Europäische Union ihren Bürgern unter anderem das Recht, für jede automatisierte Entscheidungsfindung – sei es bei der Auswahl von Bewerbern für einen Job oder bei einem Gerichtsurteil – „aussagekräftige Informationen über die involvierte Logik" zu erhalten.

Diese Schwierigkeiten beschäftigen momentan etliche Forscher, die schon vielfältige mögliche Lösungsansätze entwickelt haben. Einige sind jedoch der Meinung, dass ein radikaler Umbruch nötig sei, um wirkliche Fortschritte zu erzielen.

Umso bemerkenswerter ist es, was Computerwissenschaftler in den letzten Jahren allein durch kleine Modifikationen erreicht haben. Eine schnelle Anpassung an neue Probleme, ein Verständnis der eigenen Umgebung und sogar Fantasie: Über solche menschlichen Attribute verfügen nun – zumindest in begrenztem Maß – auch Maschinen. Um das zu erreichen, mussten Wissenschaftler die vielen verschiedenen Möglichkeiten ausschöpfen, mit denen sich eine KI trainieren lässt.

Diese Möglichkeiten hängen aber davon ab, welche Art von KI man benutzt. Tatsächlich gibt es diverse Programmtypen, die man als KI bezeichnet: Entscheidungsbäume, Nächste-Nachbarn-Klassifikationen, Kernel-Methoden, neuronale Netze und so weiter. Über die Jahre wechselten sich die unterschiedlichen Ansätze in ihrer Beliebtheit ab. Zu den derzeitigen Favoriten zählen die neuronalen Netze, die dem Aufbau und der Funktion unseres Gehirns nachempfunden sind. Ein solches Netzwerk besteht aus etlichen Recheneinheiten, so genannten Neuronen, die typischerweise in mehreren Schichten angeordnet sind. Um ein derartiges Programm auf eine Aufgabe zu trainieren, etwa jene, Bilder zu erkennen, übergibt man der ersten Schicht die Beispieldaten, also die Pixel eines Bilds. Die innen liegenden, „versteckten" Schichten verarbeiten diese Daten durch arithmetische Operationen, so dass die letzte Schicht eine Ausgabe erzeugt, etwa eine Beschreibung des Bildinhalts.

## Dem Gehirn nachempfunden

Auch neuronale Netze können sich in ihrer Struktur und ihrem Aufbau voneinander unterscheiden. Je nachdem, welches Problem man lösen möchte, eignet sich das eine oder andere Netzwerk besser. Für veränderlichen Input (Eingabe) wie Spracherkennung erweisen sich Netze, die Schleifen enthalten, als extrem nützlich. Die Schleifen verbinden die innen liegenden Neuronenschichten wieder mit der Eingabe, so dass die Berechnungen nicht nur starr von vorn nach hinten verlaufen. Zudem gibt es „tiefe" neuronale Netze, die Dutzende oder gar Hunderte versteckter Schichten enthalten. Sie bestehen somit aus Tausenden Neuronen mit Millionen Verbindungen zwischen ihnen, wodurch man schnell den Überblick verliert. Besonders gut eignen sie sich bei Problemen, die selbst keinen festen Regeln folgen, wie es bei der Mustererkennung der Fall ist.

Der entscheidende Punkt bei allen neuronalen Netzen ist, dass die Verbindungen zwischen den Neuronen zunächst nicht fixiert sind, sondern sich mit der Zeit anpassen. Möchte man etwa einem Programm beibringen, Hunde von Katzen zu unterscheiden, übergibt man ihm Bilder beider Arten und lässt es die Bezeichnung erraten. Das Ergebnis wird nicht besser ausfallen als bei einem Münzwurf, also fifty – fifty. Wenn das Netzwerk falschliegt, verändert es die Stärke der Verbindungen, die zu dem fehlerhaften Resultat beigetragen haben. Dann wiederholt man den Vorgang immer und immer wieder. Nach circa 10.000 Beispielbildern schneidet das Programm in etwa so gut ab wie ein Mensch.

> **Überempfindliche Computer**
>
> Beim maschinellen Lernen muss man aufpassen, dass ein Computer die Daten nicht zu ernst nimmt. Soll eine KI etwa Hunde- (rot) und Katzenbilder (blau) voneinander unterscheiden, wird sie die Beispieldaten nach selbst gewählten Parametern einteilen. Die beiden Kurven stehen dann für zwei mögliche Modelle, um Katzen und Hunde zu differenzieren. Das grüne Modell folgt den Daten gut, doch es ist extrem kompliziert und hängt stark von den gewählten Beispielen ab. Die Wahrscheinlichkeit, dass der Algorithmus einen neuen

Datenpunkt falsch einordnet, ist daher hoch. Dieses Phänomen wird als Über-anpassung *(overfitting)* bezeichnet. Die schwarze Kurve entspricht dagegen einem sinnvollen Modell, selbst wenn es ein paar Daten falsch zuordnet.

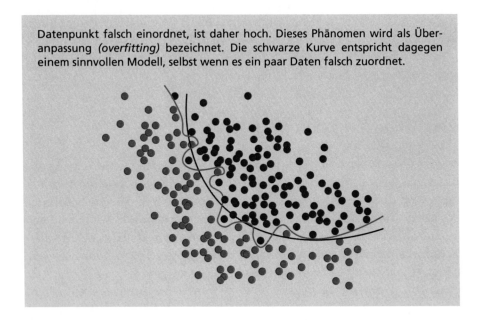

Bemerkenswert ist, dass das Netzwerk dabei auch lernt, Bilder zu sortieren, die es nie zuvor gesehen hat. Informatiker verstehen immer noch nicht ganz, wie es das genau macht.

Es ist meist sehr schwierig, die Kriterien zu ermitteln, nach denen ein solcher Algorithmus seine Entscheidung fällt. Doch in einem sind sich die Forscher inzwischen einig: Es ist wichtig, einem Programm während des Trainings kleinere Fehler durchgehen zu lassen (siehe „Überempfindliche Computer"). Sonst hängen die Ergebnisse zu stark von den konkreten Bei-spieldaten ab, anstatt sich auf die wesentlichen Merkmale der gezeigten Objekte zu stützen. Die Algorithmen könnten ihre Urteile dann auf untypische Eigenschaften stützen, was verheerende Folgen haben kann (siehe „Falscher Fokus").

**Falscher Fokus**

Katze    schwaches Rauschmuster    Avocadocreme

Falls sich eine KI auf falsche Merkmale stützt, kann das fatale Folgen haben. Ein Beispiel dafür, das glücklicherweise glimpflich ausging, ereignete sich in den 1990er Jahren: Eine Forschungsgruppe der Carnegie Mellon University in Pennsylvania versuchte damals, einen Algorithmus zu entwickeln, der ein Auto steuern kann.

Sie trainierte ihr Programm, indem sie lange Autofahrten unternahm und alles filmte, was sie dabei tat. Um ihren Algorithmus zu testen, setzten sich einige der beteiligten Wissenschaftler in ein Fahrzeug, das die KI steuerte. Zu Beginn schien alles wunderbar zu funktionieren. Doch als sie eine Brücke erreichten, geriet das Auto ins Schlingern, und einer der Forscher musste ins Lenkrad greifen, um einen Unfall zu verhindern.

Wie sich nach wochenlangen Untersuchungen herausstellte, waren die Straßen bei allen Probefahrten von Gras umgeben gewesen. Der Algorithmus hatte deshalb fälschlicherweise angenommen, dass man nur dort fahren darf, wo an der Seite Gras wächst. Bei der Brücke wusste die KI nicht mehr, was sie tun sollte.

Dieser Fokus auf irreführende Details macht Algorithmen angreifbar. Hat man etwa ein Programm darauf trainiert, verschiedene Motive auf Bildern zu identifizieren, kann man es recht einfach austricksen: Fügt man einem Bild gezielt ein extrem schwaches Rauschmuster hinzu (wobei die Pixel ihren Wert nur so leicht ändern, dass es für das menschliche Auge nicht sichtbar ist – wie oben rechts), wird die KI etwa statt einer Katze mit 99-prozentiger Sicherheit plötzlich Avocadocreme erkennen.

An diesen Problemen arbeiten Forscher derzeit auf Hochtouren. Denn gerade Bilderkennungssoftware kann in etlichen Bereichen sinnvoll verwendet werden, zum Beispiel um in medizinischen Scans Anomalien zu identifizieren. Damit man ihrem Urteil vertrauen kann, müssen die Systeme jedoch zuverlässig funktionieren.

Neuronale Netze wären allerdings nicht besonders nützlich, wenn sie bloß Aufgaben erledigen könnten, deren auch Menschen Herr werden. Weil die Netzwerke ihre Verbindungen zwischen den künstlichen Neuronen aber selbst formen, sind sie in der Lage, Probleme zu meistern, für die Menschen noch keine Lösung gefunden haben – etwa, wie man neuronale Netze weiter verbessert. Wissenschaftler haben nun damit begonnen, KIs auf eine ihrer größten Schwächen anzusetzen: die riesigen Datenmengen, die sie benötigen, um neue Aufgaben zu bewältigen.

Dabei sollen neuronale Netze lernen, wie ein neuronales Netz lernt. Das klingt zunächst kompliziert, doch im Prinzip ist es nichts anderes, als würde man einem Programm beibringen, Bilder zu erkennen: Man muss es mit vielen Beispielen füttern. In diesem Fall zeigt man ihm aber keine Bilder, sondern ein anderes Netzwerk, das etwas Neues lernt. Das Verfahren nennen Computerwissenschaftler Metalernen. Es verleiht Computern mehr Flexibilität. „Diese Methode wird wahrscheinlich der Schlüssel zu einer neuartigen KI sein, die mit der menschlichen Intelligenz konkurriert", meint Jane Wang, Forscherin bei DeepMind in London. Im Umkehrschluss glaubt sie, dass Neurowissenschaftler durch Metalernen besser verstehen könnten, was im menschlichen Gehirn passiert.

# Das Lernen lernen

Die Idee des Metalernens ist nicht neu. In den 1980er Jahren nutzten Computerwissenschaftler die Evolution als Vorbild, um ihre Software für das Lernen zu optimieren. Schließlich ist der evolutionäre Prozess unter anderem ein Metalernen-Algorithmus: Die verschiedenen Tierarten haben in der Natur Lernfähigkeit entwickelt, statt sich bloß auf ihre Instinkte zu verlassen. Die Evolution ist allerdings vom Zufall getrieben, so dass daran angelehnte Algorithmen häufig in Sackgassen münden und daher nicht wirklich effizient sind. In den frühen 2000er Jahren entwickelten Forscher deshalb andere Ansätze für das Metalernen, wodurch die Programme wesentlich schneller wurden.

Chelsea Finn von der University of California in Berkeley und ihr Team schafften 2017 einen Durchbruch auf dem Gebiet des Metalernens. Indem sie ein neuronales Netz immer wieder vor neue Aufgaben stellen, können sie die optimale Startkonfiguration des Programms berechnen. In dieser Konfiguration lernt es eine neue Aufgabe dann an Hand von bloß wenigen Beispielen zu bewältigen, anstatt dafür zehntausende Daten zu benötigen.

Angenommen, man möchte einem neuronalen Netz beibringen, Bilder in eine von fünf Kategorien einzuteilen, wie Hunde- und Katzenrassen, Automarken, Hutfarben oder Ähnliches. Beim gewöhnlichen maschinellen Lernen (ohne „Meta") füttert man das Programm zuerst mit Tausenden von Hundebildern und optimiert die Verbindungen im Netzwerk so lange, bis es die Bilder richtig sortiert. Würde man wollen, dass dieses Netzwerk hingegen Katzenbilder kategorisiert, müsste man von vorn anfangen und alles überschreiben, was es über Hunde gelernt hat.

Beim Metalernen geht man einen anderen Weg. Man versucht die Verbindungen zwischen den künstlichen Neuronen so einzustellen, dass das Netzwerk nur wenige Beispiele braucht, um Dinge in fünf Kategorien einzuteilen.

Dazu benötigen die Forscher zwei neuronale Netze: einen übergeordneten Metalerner und einen gewöhnlichen Lerner. Im ersten Schritt zeigen sie dem Lerner fünf Hundebilder, eines von jeder Rasse. Danach übergeben sie ihm ein Testbild, das er einer der fünf Rassen zuordnet – nach bloß fünf Beispielen wird das nicht sehr gut gelingen. Dennoch wird das Lerner-Netzwerk versuchen, die Verbindungen zwischen den künstlichen Neuronen so zu verändern, dass es beim nächsten Mal besser klappt. Diese neue Konfiguration liest der Metalerner aus.

Im zweiten Schritt löschen die Wissenschaftler das bescheidene Wissen, welches das Lerner-Netzwerk über Hunde erworben hat, und wechseln zu Katzen: Sie zeigen dem Lerner ein Beispiel jeder Rasse, füttern ihn wieder mit jeweils einem Testbild und übergeben dann die optimierte Konfiguration des Netzwerks an den Metalerner. Das Ganze wiederholt man für Autos, Hüte und so weiter. Der Metalerner ermittelt danach, welche Anfangskonfiguration des Lerners am besten geeignet ist, um verschiedene Objekte in fünf Kategorien einzuteilen. Zeigt man einem solchen optimierten Programm schließlich fünf Vogelarten, wird es schneller lernen, Vogelbilder einzuordnen, als mit einer zufälligen Anfangskonfiguration.

Das Besondere an dieser Methode ist, dass die Netzwerke dabei nicht darauf trainiert werden, eine bestimmte Aufgabe zu meistern. Stattdessen konzentrieren sie sich auf die Gemeinsamkeiten der verschiedenen Probleme. Im Beispiel zuvor haben sich die Verbindungen zwischen den künstlichen Neuronen des Netzwerks so eingestellt, dass dieses für Eingangsdaten in Form eines Bilds extrem gut geeignet ist. „Wenn ein Algorithmus darauf vorbereitet ist, Formen, Farben und Texturen von Objekten herauszufiltern, dann kann es ein neues Objekt ziemlich schnell erkennen", erklärt Chelsea Finn.

Inzwischen hat die Forscherin zusammen mit ihren Kollegen das Metalernen ins Labor gebracht: Sie konfrontierten einen Roboter mit verschiedenen Aufgaben, die alle damit zu tun hatten, möglichst schnell zu einer bestimmten Stelle zu gelangen. Nach dem Prozess des Metalernens erkannte der Roboter, dass er bei jeder Aufgabe rennen musste. Danach stellte sich ihm bloß noch die Frage, in welche Richtung er losflitzen sollte. Um sich bestmöglich auf einen Befehl vorzubereiten, rannte der Roboter daher an Ort und Stelle. „Das macht es für ihn einfacher, vorwärts oder rückwärts loszusprinten", sagt Finn.

Die neue Methode scheint also in der wirklichen Welt zu funktionieren. Dennoch birgt sie auch Nachteile: Man braucht zwar nur wenige Daten, um einem bereits optimierten Algorithmus eine bestimmte Fertigkeit beizubringen, trotzdem sind insgesamt enorme Datenmengen für den Metalerner nötig, der das Lerner-Netzwerk trainiert. Zudem ist der Ansatz extrem rechenintensiv, weil die Algorithmen die teilweise sehr feinen Unterschiede zwischen den verschiedenen Aufgaben erkennen müssen. „Selbst wenn neuronale Netze in den letzten Jahren große Fortschritte gemacht haben, sind sie noch weit davon entfernt, wie Menschen zu lernen", erklärt der Kognitionswissenschaftler Brenden Lake von der New York University.

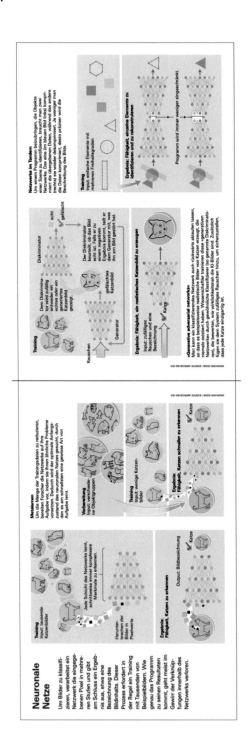

# Gegnerische Netzwerke

Metalernen ist nicht der einzige Ansatz, bei dem Forscher neuronale Netze nutzen, um diese selbst zu verbessern. Tatsächlich kann ein Algorithmus ein Netzwerk darauf trainieren, zwei durch und durch menschliche Züge zu entwickeln: Kreativität und Fantasie. Das zeigte sich in einer Flut von Porträtfotos, die in den letzten Jahren das Internet überschwemmten. Das Überraschende an ihnen ist: Die abgebildeten Menschen haben niemals existiert. Sie sind das Produkt einer neuen Technologie mit einer ausgeklügelten Art von Fantasie.

Überraschenderweise lässt sich die menschliche Vorstellungskraft nämlich recht einfach automatisieren. Dazu muss man bloß ein gewöhnliches Bilderkennungsprogramm, ein so genanntes diskriminierendes neuronales Netz, rückwärtslaufen lassen. Dadurch wird es zu einem „generativen" Netzwerk, das Bilder erzeugt. Während man einem Diskriminator Bilder übergibt, die er daraufhin benennt oder beschreibt, funktioniert ein Generator genau andersherum: Aus einer Bezeichnung kreiert er eigenständig Bilder. Der Vorgang ist allerdings recht aufwändig. Immerhin muss man irgendwie sicherstellen, dass das Netzwerk ein sinnvolles Ergebnis produziert. Übergibt man ihm beispielsweise den Begriff „Dobermann", dann sollte es erkennbar einen solchen Hund zeichnen. Doch wie trainiert man einen Generator darauf, derartige Aufgaben zu erfüllen?

Als sich Ian J. Goodfellow, heute bei Google Brain in Mountain View, Kalifornien, während seiner Doktorarbeit mit dieser Frage beschäftigte, kam ihm 2014 die Idee, generative Netzwerke durch einen Diskriminator zu trainieren. Wenn man daher das Bild eines Dobermanns erzeugen möchte, zeigt man einem Diskriminator entsprechende Fotos und mischt eines darunter, das der Generator erstellt hat. Der Diskriminator prüft daraufhin, ob das generierte Bild „echt" ist. Wird es abgelehnt, muss sich der Generator verbessern. „Es ist wie eine Art Spiel zwischen ihnen", erklärt Goodfellow. „Das eine Netzwerk erzeugt Bilder, während das andere errät, ob sie echt oder gefälscht sind." Diese Technik wird als *generative adversarial network* (GAN) bezeichnet.

Zu Beginn des Prozesses ist der Generator noch in einem zufälligen Anfangszustand, in dem er keine klaren Bilder produziert. Zu dem Zeitpunkt hat auch der Diskriminator bloß wenige Trainingsdaten erhalten, so dass er nicht allzu streng ist. Während das diskriminierende Netzwerk immer besser lernt, wie echte Bilder aussehen, muss sich der Generator ebenfalls steigern. Mit etwas Glück gelingt es ihm irgendwann, ein so realistisches Bild zu produzieren, dass er den Diskriminator täuscht.

So vielversprechend der Ansatz auch klingt, er führt leider nicht immer zum Erfolg. Die Netzwerke bleiben oft in einer Sackgasse stecken. Der Generator produziert dann beispielsweise dauerhaft unrealistische Bilder, oder der Diskriminator erfasst nicht die wesentlichen Merkmale der Trainingsdaten. Das Gelingen hängt stark vom Anfangszustand der neuronalen Netze ab, ohne dass man allerdings genau weiß, wie. „Wir haben keine wissenschaftliche Erklärung dafür, warum manche Modelle besonders gut und andere wiederum extrem schlecht abschneiden", sagt Goodfellow.

## Intelligente Bildbearbeitung

Dennoch hat kaum eine andere Methode so schnell derart viele Anwendungen gefunden wie die GANs. Von der Analyse kosmologischer Daten über Teilchenkollisionen bis hin zur Konstruktion von Zahnkronen: Wann immer man Daten braucht, die einem zuvor eingegebenen Datensatz ähneln, kann man auf GANs zurückgreifen. Die Programme erkennen dabei Muster, die dem menschlichen Auge zum Teil entgehen.

Eine bemerkenswerte Anwendung ist „Pix2Pix", das Bilder auf jede nur erdenkliche Weise bearbeiten kann. Dabei übertrifft es gewöhnliche Grafikprogramme wie Photoshop um Längen. Zwar können diese ein Farbbild auf Graustufen oder auf einfache Linienzeichnungen reduzieren, andersherum versagen sie aber. Denn das Einfärben eines Bilds erfordert kreative Entscheidungen. Pix2Pix kann genau das. Dazu muss man dem Algorithmus zuerst Farbbilder mit den dazugehörigen Strichzeichnungen übergeben. Zeigt man dem Programm dann eine solche Zeichnung, kann es sie realistisch einfärben, selbst wenn es das Bild nie zuvor gesehen hat.

Neben GANs gibt es auch noch andere Möglichkeiten, neuronale Netze miteinander zu verbinden. Nicholas Guttenberg und Olaf Witkowski, beide am Earth-Life Science Institute in Tokio, ließen 2017 zwei Netzwerke kooperieren, anstatt sie gegeneinander antreten zu lassen. Die Forscher zeigten den Programmen jeweils unterschiedliche Ausschnitte von Bildern verschiedener Stilrichtungen. Um das Genre der jeweiligen Bilder zu bestimmen, waren die Algorithmen daher gezwungen, zusammenzuarbeiten. Doch dafür mussten sie sich untereinander austauschen.

Programme, die sich das Kommunizieren selbst beibringen, eröffnen völlig neue Anwendungsmöglichkeiten. „Unsere Hoffnung ist, dass eine Gruppe von Netzwerken eine gemeinsame Sprache entwickelt, um sich ihre jeweiligen Fähigkeiten gegenseitig beizubringen", erklärt Guttenberg. Sollten KIs irgendwann wirklich so weit sein, dann könnten sie sich eventuell auch Menschen gegenüber auf verständliche Weise erklären, hoffen die Wissenschaftler.

Bis es so weit ist, wird allerdings noch viel Zeit vergehen. Momentan mühen sich Forscher mit viel grundlegenderen Problemen ab. Denn selbst wenn KIs in vielen Fällen extrem gut darin sind, Bilder zu klassifizieren, unterlaufen ihnen manchmal immer noch peinliche Fehler: So kann es vorkommen, dass ein Programm einen Straußenvogel mit einem Schulbus verwechselt. Die Muster, die KIs erkennen, haben häufig nichts mit den physischen Elementen einer Szene zu tun. „Den Maschinen fehlt ein Objektverständnis, das selbst Tiere wie Ratten besitzen", meint Irina Higgins, eine KI-Forscherin bei DeepMind.

Damit neuronale Netze ihre Umgebung wirklich verstehen, müsste jede ihrer Variablen einem Freiheitsgrad der untersuchten Welt entsprechen, äußerte Yoshua Bengio von der Université de Montréal 2009. Wenn es beispielsweise um die Analyse von Filmen geht, sollte eine Variable stets die Position eines Objekts im Bild symbolisieren. Bewegt sich bloß das Objekt, dann ändert sich nur diese Variable – auch wenn sich dabei Hunderte oder Tausende von Pixeln verschieben.

Sieben Jahre nach Bengios Idee gelang es Higgins und ihren Kollegen endlich, sie umzusetzen. Dafür nutzten sie die Tatsache, dass Bilder lauter überschüssige Informationen enthalten, die sich aus relativ wenigen Variablen erzeugen lassen. „Die Welt steckt voller Redundanzen – genau diese komprimiert und verwertet unser Gehirn", erklärt Higgins. Damit sich auch die Algorithmen auf die wichtigsten Faktoren eines Bilds konzentrieren, schränkt die Forscherin sozusagen deren „Sichtfeld" ein. Die Wissenschaftler setzen dazu zwei Netzwerke ein: Eines komprimiert die Eingangsdaten, das andere dekomprimiert sie wieder. Dadurch filtert das Programm die wesentlichen Informationen einer Szene heraus. Nach und nach heben die Forscher dann die Einschränkungen auf, wodurch die Algorithmen immer mehr Details miteinbeziehen.

Um die Methode zu testen, erzeugten Higgins und ihr Team eine einfache „Welt", die bloß aus Herzen, Quadraten und Ovalen auf einem zweidimensionalen Gitter besteht. Jede dieser Formen kann in sechs Größen vorkommen und um einen von 20 möglichen Winkeln verkippt sein. Die Informatiker präsentierten einem neuronalen Netz alle Versionen einer solchen Welt. Das Programm sollte daraufhin die fünf Freiheitsgrade identifizieren: Position entlang der beiden Achsen, Form, Orientierung und Größe der Objekte. Das Netzwerk erkannte die Position als wichtigsten Faktor

– die anderen Variablen lassen sich danach einfacher auf die Strukturen anwenden. Schritt für Schritt spürte das Programm dann auch die anderen Freiheitsgrade auf.

Das ist ein bedeutender Schritt in Richtung einer KI, die ihre Umgebung versteht. Dennoch liegt das Ziel noch in weiter Ferne. Immerhin kannten die Forscher die Regeln ihrer künstlich geschaffenen Welt schon im Voraus und konnten daher das Ergebnis des Programms genau überprüfen. Bei komplexen Problemen aus dem wirklichen Leben überblicken selbst Menschen nicht immer die gesamte Situation. Da aber eine Person die Leistung eines solchen Algorithmus beurteilen muss, hängen die Ergebnisse auch stark von dieser subjektiven Einschätzung ab.

## Maschinelle Argumentation

Trotzdem eröffnet Higgins' Ansatz vielversprechende Anwendungen. Der Hauptgrund dafür ist, dass KIs so nachvollziehbarer werden: Man kann ihrer Argumentation direkt folgen – schließlich ähnelt sie menschlichen Schlussfolgerungen.

Außerdem lassen sich durch Higgins' Methode Netzwerke entwickeln, die neue Aufgaben bewältigen, ohne ihr zuvor gesammeltes Wissen zu vergessen. Angenommen, man zeigt einem Programm Hundebilder, die es nach Rassen sortieren soll. Das Netzwerk wird das Hauptaugenmerk auf spezifische Merkmale der jeweiligen Rasse legen. Übergibt man ihm plötzlich Katzenbilder, wird es die Änderung bemerken. „Wir können tatsächlich sehen, wie die Neurone reagieren. Ihr atypisches Verhalten deutet darauf hin, dass die KI etwas über einen neuen Datensatz lernt", erklärt Higgins. Wenn das passiert, könnte man dem Programm beibringen, zusätzliche Neurone zu erzeugen. Dadurch würde es neue Informationen speichern, ohne altes Wissen zu überschreiben.

Die aktuellen Fortschritte auf dem Gebiet des maschinellen Lernens verleihen Computern immer mehr menschliche Talente (siehe „Computer mit Zahlenverständnis"). Die Zukunft wird zeigen, ob die neuen Ansätze wirklich irgendwann zu Programmen führen werden, deren Intelligenz mit der menschlichen vergleichbar ist – oder ob Kritiker Recht behalten und völlig neue Methoden hermüssen, um den Bereich wirklich voranzutreiben. So oder so: Es bleibt spannend.

## Computer mit Zahlenverständnis

Schon lange wissen Biologen, dass nicht nur Menschen, sondern auch viele Tiere über ein Zahlenverständnis verfügen: Sie können abschätzen, ob zwei Mengen gleich groß sind, und beurteilen, welche davon mehr Elemente enthält.

Nun haben Wissenschaftler der Universität Tübingen ähnliche Versuche mit einem neuronalen Netz durchgeführt, das sie eigentlich darauf trainiert hatten, verschiedene Objekte in Bildern zu erkennen. Als sie die KI danach diverse Punktmuster mit bis zu 30 Punkten vergleichen ließen, schnitt die Maschine dabei in etwa so gut ab wie Menschen oder auch Affen: In 81 Prozent der Fälle konnte sie richtig einschätzen, welches Bild mehr Punkte enthält – und das, obwohl sie niemals auf so eine Aufgabe trainiert wurde.

Genau wie echte Lebewesen tat sich die KI schwer damit, wenn zwei Muster aus ähnlich vielen oder sehr vielen Punkten bestanden. Und auch die künstlichen Neurone reagierten erstaunlicherweise ähnlich auf die gezeigten Muster, wie es die Nervenzellen im Gehirn von Affen tun: Je nach Anzahl der Punkte auf einem Bild werden unterschiedliche Neurone aktiv, wobei mehr Neurone kleinen Zahlen zugeordnet sind als großen.

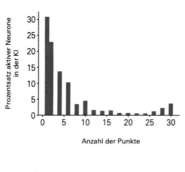

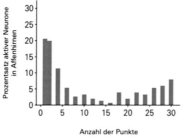

NASR, K. ET AL. NUMBER DETECTORS SPONTANEOUSLY EMERGE IN A DEEP NEURAL NETWORK DESIGNED FOR VISUAL OBJECT RECOGNITION. SCIENCE ADVANCES 5, EAAV7903, 2019. FIG. 2 D+E. MIT FRDL. GEN. VON ANDREAS NIEDER, UNIVERSITÄT TÜBINGEN

# Quellen

Finn, C. et al.: Model-agnostic meta-learning for fast application of deep newtorks. ArXiv 1703.03400 (2017)

Goodfellow, I., et al.: Generative adversarial networks. ArXiv 1406.2661 (2014)

Higgings, I. et al.: -VAE: Learning basic visual concepts with a constrained variational framework. International conference on learning representations 5 (2017)

# KI lernt die Sprache der Mathematik

## Manon Bischoff

*Bisher konnten neuronale Netze bloß einfache Ausdrücke addieren und multiplizieren. Nun haben Informatiker einen selbstlernenden Algorithmus vorgestellt, der Differenzialgleichungen löst und Stammfunktionen berechnet – und dabei alle bisherigen Methoden übertrifft.*

In einigen Fachgebieten begegnet man komplizierten mathematischen Ausdrücken: sei es eine Differenzialgleichung in der Biologie, die die Ausbreitung einer Viruserkrankung modelliert, oder ein Integral in der Physik, das die Länge einer bestimmten Kurve berechnet. Um solche Aufgaben zu meistern, muss man häufig tief in die Trickkiste greifen, indem man zum Beispiel einige Terme mühsam umformuliert oder eine Gleichung partiell integriert. Oft kommt man allerdings nicht darum herum, in Formelsammlungen nachzuschlagen. Im Alltag greifen Forscher meist auf algebraische Computerprogramme wie Mathematica, Maple oder Matlab zurück, die mit mathematischen Ausdrücken umgehen können. Deren Algorithmen sind allerdings nicht perfekt. Nicht immer finden sie das korrekte Ergebnis, zudem brauchen sie für einige Probleme extrem lange. Die französischen Informatiker Guillaume Lample und Francois Charton, beide bei Facebook AI Research in Paris, haben nun einen Algorithmus entwickelt, der diese Aufgabe besser und schneller meistert als bisherige Soft-

M. Bischoff (✉)
Heidelberg, Deutschland
E-Mail: author@noreply.com

© Der/die Autor(en), exklusiv lizenziert durch Springer-Verlag GmbH, DE, ein Teil von Springer Nature 2022
M. Bischoff (Hrsg.), *Künstliche Intelligenz*, https://doi.org/10.1007/978-3-662-62492-0_6

**51**

ware. Damit gelang es den Forschern erstmals, einer KI die symbolische Sprache der Mathematik beizubringen.

Denn genau darin liegt die Schwierigkeit: Eine komplizierte Formel ist nichts anderes als eine Kurzschreibweise für aneinandergereihte Operationen. Zum Beispiel steht $x^3$ für x·x·x, und das Malzeichen entspricht einer wiederholten Addition. Ebenso repräsentieren Symbole wie Integralzeichen, Ableitungen oder Funktionen unzählige nacheinander ausgeführte Berechnungen. Diese Abstraktion, die vielen Menschen bereits in der Schule Umstände bereitet, sorgt auch bei Computerprogrammen für Probleme.

Damit eine KI lernt, Gleichungen zu lösen, haben Lample und Charton die komplizierten Formeln in Baumdiagramme umgeschrieben (siehe Abbildung).

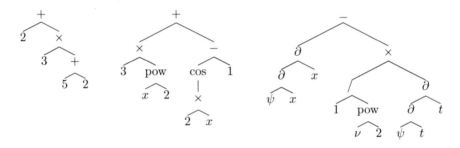

Die Blätter entsprechen dabei Zahlen, Konstanten oder Variablen wie x, während die inneren Knoten eine Operation darstellen, etwa eine Addition oder ein Integral. Zwei Baumdiagramme gelten als gleich, wenn sie mathematisch übereinstimmen. Etwa ist 3 x + 15 = 9 dasselbe wie x + 5 = 3 und x = −2, wodurch ihre dazugehörigen Diagramme äquivalent sind. Die französischen Forscher wollten ihrer KI daher beibringen, einem vorgegebenen Baumdiagramm ein anderes zuzuordnen, dessen algebraische Form der Lösung entspricht.

Diese Art von Problem ist in der Informatik nicht neu. Maschinelle Übersetzungsprogramme müssen einer längeren Eingabe von Wörtern oder Sätzen eine dazugehörige Buchstabenfolge in einer anderen Sprache zuweisen. Google veröffentlichte bereits 2018 eine Familie von Algorithmen namens Seq2Seq, die solche Übersetzungen beherrschen. Lample und Charton griffen darauf zurück, um ihre KI zu trainieren.

# Das Gehirn als Vorbild

Seq2Seq-Algorithmen sind rekurrente neuronale Netze. Sie bestehen aus künstlichen, in Schichten angeordneten Neuronen, die – anders als in gewöhnlichen neuronalen Netzen – nicht bloß Informationen in eine Richtung transportieren, sondern auch rückwärts. Die künstlichen Neurone feuern ihre Signale also wie im Gehirn entweder in die nachfolgende, in die gleiche oder die vorangegangene Schicht. Damit erhält das Netzwerk eine Art Gedächtnis; es kann Informationen speichern. Diese Eigenschaft ist bei Übersetzungen entscheidend. Denn man überführt nicht jedes Wort einzeln in eine andere Sprache, sondern schafft einen Bezug zu einem ganzen Satz oder gar Textabschnitt. Gleiches trifft auf Gleichungen zu: Das Programm muss eine Verkettung von Symbolen als Einheit auffassen und nicht bloß einzelne Bestandteile daraus separat bearbeiten.

Nun brauchten Lample und Charton noch Daten, um das Seq2Seq-Netzwerk zu trainieren. Dazu nutzten sie einen weiteren Algorithmus, der zufällige algebraische Ausdrücke erzeugt. Diese enthielten Multiplikationen und Additionen von Variablen, Konstanten und Zahlen sowie einfacher Funktionen wie Sinus oder der Exponentialfunktion. Anschließend integrierten und differenzierten sie die Ausdrücke mit Hilfe bestehender Computerprogramme. Das lieferte ihnen einen riesigen Datensatz mit je 40 Mio. gewöhnlichen Differenzialgleichungen erster und zweiter Ordnung sowie 20 Mio. Integralen, mit denen sie ihr rekurrentes neuronales Netz fütterten.

Um die erlernten Fähigkeiten ihres Programms zu untersuchen, setzten sie ihm 5000 weitere mathematische Ausdrücke vor, die es nie zuvor gesehen hatte. Der Algorithmus sollte zu einer vorgegebenen Funktion entweder die dazugehörige Stammfunktion finden oder eine Differenzialgleichung lösen. Lample und Charton wollten ihre Ergebnisse mit denen herkömmlicher Programme wie Mathematica, Matlab oder Maple vergleichen. Weil diese allerdings deutlich langsamer sind, führten sie den Test mit lediglich 500 zufällig ausgewählten Resultaten durch.

Wie sich herausstellte, übertraf das neuronale Netz die bewährten Algorithmen in allen Aufgaben. Es war dabei nicht nur wesentlich schneller – statt etwa einer halben Minute bei komplexen Ausdrücken brauchte es weniger als eine Sekunde –, sondern auch akkurater. Während Mathematica, das unter den gewöhnlichen Programmen am besten abschnitt, bei der

Integration eine Genauigkeit von gerade einmal 85 % erreichte, schaffte die KI für die gleiche Aufgabe beeindruckende 99,7 %. Für gewöhnliche Differenzialgleichungen lieferte das neuronale Netz ebenfalls bessere Resultate.

Interessanterweise fand die KI häufig mehrere Lösungen zu einem Problem. Für jede Aufgabe liefern neuronale Netze nämlich zahlreiche mögliche Er-gebnisse, die es nach der Wahrscheinlichkeit sortiert, dass es richtig ist. Als Lample und Charton die verschiedenen Möglichkeiten durchsahen, fiel ihnen auf, dass fast alle der gleichen korrekten Lösung entsprachen – nur anders formuliert. »Es ist faszinierend, dass unser Modell äquivalente Ausdrücke erkennt, ohne dass wir es darauf trainiert haben«, kommentieren die beiden Forscher diesen Aspekt ihrer Arbeit.

Damit haben sie gezeigt, dass sich neuronale Netze dazu eignen, komplizierte mathematische Berechnungen durchzuführen. In Zukunft ließen sich dadurch wesentlich effizientere Computerprogramme entwickeln, welche die Arbeit etlicher Naturwissenschaftler erleichtern könnten.

## Quellen

Lample, G., Charton, F.: Deep learning for symbolic mathematics. ArXiv: 11912.01412 (2019)

# Teil II Meister der Spiele

# Die Intelligenzformel

Jean-Paul Delahaye

*Computer vollbringen eine Vielzahl intelligenter Leistungen – doch stets auf anderen Wegen als der Mensch. Forscher suchen nun nach einer universellen Beschreibung von natürlicher und künstlicher Intelligenz.*

Was ist Intelligenz? Wie Psychologen schon lange wissen, ist dieser zentrale Begriff ihrer Wissenschaft schwer zu fassen, und die gängigen Intelligenztests fragen nach einer Mischung von Fähigkeiten. Der amerikanische Psychologe Howard Gardner ging in seinem Buch *Frames of Mind* (deutsch: *Abschied vom IQ*) von 1983 so weit zu behaupten, es gebe nicht eine einheitliche Intelligenz, sondern viele verschiedene Formen. Die Idee schmeichelt unserem Ego, vor allem wenn wir uns nicht eines hohen IQs rühmen können: Je mehr Spezialintelligenzen es gibt, desto größer ist unsere Chance, wenigstens in einer von ihnen zu glänzen. Gleichwohl stieß Gardners Konzept in der Fachwelt auf heftigen Widerspruch.

Die Diskussion um das Wesen der Intelligenz erhält neue Nahrung, da in jüngster Zeit Maschinen Leistungen vollbringen, die bislang alle Welt ohne zu zögern als intelligent bezeichnet hätte. Als 1997 der Rechner „Deep Blue" den damaligen Schachweltmeister Garri Kasparow entthronte, galt das allgemein als epochales Ereignis. Damals wiesen einige Kommentatoren – quasi zum Trost – darauf hin, dass die Programme bei dem Brettspiel Go nur verblüffend mittelmäßige Leistungen zeigten. Aber inzwischen können

J.-P. Delahaye (✉)
Lille, Frankreich
E-Mail: author@noreply.com

© Der/die Autor(en), exklusiv lizenziert durch Springer-Verlag GmbH, DE, ein Teil von Springer Nature 2022
M. Bischoff (Hrsg.), *Künstliche Intelligenz,* https://doi.org/10.1007/978-3-662-62492-0_7

es die Maschinen auch hier mit den Topspielern aufnehmen. Im Oktober 2015 gelang es einem von der Firma „DeepMind" entwickelten System, den amtierenden Go-Europameister zu schlagen, und kurz darauf, im März 2016, sogar den derzeit weltbesten Spieler Lee Sedol (siehe Kasten „Hinter den Schlagzeilen: Das Go-Spiel ist geknackt").

Im Damespiel ist die künstliche Intelligenz (KI) mittlerweile unschlagbar. Seit 1994 ist es keinem Menschen gelungen, das kanadische Programm „Chinook" zu besiegen; es verfolgt eine optimale, nicht weiter verbesserungsfähige Strategie. Nach der Spieltheorie muss es eine solche Gewinnstrategie für alle Spiele dieser Klasse geben. Sie für Schach zu berechnen, scheint allerdings auf mehrere Jahrzehnte hinaus noch unmöglich zu sein.

Künstliche Intelligenz kann inzwischen viel mehr als einfach nur eine große Zahl von Möglichkeiten zu durchmustern. Doch selbst bei so scheinbar simplen Aufgaben wie Brettspielen mussten die Forscher erfahren, wie schwierig es ist, menschliche Denkprozesse nachzubilden: Die Programme für Dame, Schach und Go können es zwar mit den besten menschlichen Spielern aufnehmen, sie funktionieren jedoch ganz anders als der menschliche Geist.

Große Mengen von Informationen speichern, schnell und systematisch symbolische Daten wie etwa die Positionen von Bauern auf einem Schachbrett auswerten: Mit diesen Fähigkeiten können Maschinen zwar Schachweltmeister werden, doch für komplexere Aufgaben, wie Auto fahren, reicht das bei Weitem nicht. Dennoch haben Roboterautos heute beachtliche Fähigkeiten. Aber auch hier wird der Unterschied zur menschlichen Intelligenz deutlich. Ein autonomes Auto „denkt" ganz anders als ein Mensch.

## Computer am Steuer

Was wir völlig automatisch erledigen, während wir uns womöglich nebenbei noch unterhalten, ist für einen Computer undenkbar: Wir analysieren permanent rasch wechselnde Bilder und beurteilen blitzschnell ihre Bedeutung. Wo ist der Rand dieser mit Laub bedeckten Straße? Ist der schwarze Fleck in der Ferne ein Schlagloch oder nur eine Pfütze? Eine so leistungsfähige Bildanalyse kann heute noch niemand programmieren. Daher setzen autonome Fahrzeuge ganz andere Mittel ein. Die Autos der Firma Google bestimmen ihren Ort auf der Erdoberfläche mit einer hoch präzisen Version des Satellitenortungssystems GPS. Dabei verwenden sie

Karten, die unzählige Details anzeigen, etwa die Form und das Aussehen der Straßen, die Verkehrsschilder und wichtige Orientierungspunkte der Umgebung. Obendrein haben sie ein Radargerät an Bord, ein optisches System namens Lidar *(light detection and ranging)*, das ein dreidimensionales Abbild der Umgebung erzeugt, sowie Sensoren an den Rädern.

Manche dieser Fahrzeuge sind bereits mehrere zehntausend Kilometer unfallfrei gefahren. Es besteht also kein Zweifel, dass sie in gewisser Weise intelligent sind, auch wenn sie nicht auf die Zeichen eines Polizisten reagieren können, gelegentlich vor einer Baustelle abrupt bremsen und aus Sicherheitsgründen nicht schneller als 40 Kilometer pro Stunde fahren dürfen. Mit einem menschlichen Autofahrer können sie es allerdings bei Weitem nicht aufnehmen. Der kann auch eine ihm völlig unbekannte Strecke bewältigen – ohne Karten, Radar oder Lidar und ohne an einem unerwarteten Hindernis zu scheitern.

Staubsaugen, Schachspielen, Autofahren: All das können Maschinen mehr oder weniger gut selbstständig erledigen. Aber was ist mit der komplexesten aller menschlichen Fähigkeiten, mit der Sprache? Lange Zeit hielt sich der Glaube, die geschriebene und gesprochene menschliche Sprache biete Computern ein unüberwindliches Hindernis. Aber auch diese Überzeugung bröckelt. So erreichen manche Programme beim Sprechen und Verstehen geradezu beunruhigende Leistungen. Manche Zeitungsredaktionen, etwa die „Los Angeles Times" und „Forbes", sowie die Agentur „Associated Press" setzen inzwischen sogar Roboterjournalisten ein. Bislang beschränkten sich diese Programme darauf, Ergebnisse aus dem Sport oder Neuigkeiten aus dem Wirtschaftsleben in kurze Artikel zu fassen. Doch der Inhalt ihrer Texte wird zunehmend komplexer.

Am 17. März 2014 um 6:25 Uhr Ortszeit bebte in Kalifornien die Erde. Nur drei Minuten später erschien auf der Internetseite der „Los Angeles Times" ein etwa 20 Zeilen langer Artikel mit Informationen zum Thema: Lage des Epizentrums, Stärke, Zeitpunkt und ein Vergleich mit Erdstößen aus der jüngeren Vergangenheit. Das verfassende Programm nutzte Rohdaten des Informationsdienstes U.S. Geological Survey Earthquake Notification Service. Es stammt von dem Journalisten Ken Schwencke, der auch Programmierer ist. Nach seiner Aussage vernichten solche Methoden keine Arbeitsplätze, sondern machen im Gegenteil die Arbeit des Journalisten interessanter, weil er sich auf anspruchsvollere Themen konzentrieren kann.

Was die wenigsten wissen: Auch die Inhalte der freien Enzyklopädie Wikipedia sind nicht allesamt menschengemacht; erstaunlich viele Artikel wurden von Computern erzeugt. Der schwedische Physiker Lars Sverker

Johansson hat ein Programm namens „Lsjbot" entwickelt, das täglich bis zu 10.000 Einträge produziert. Insgesamt hat es schon mehr als zwei Millionen Artikel geschrieben, und zwar auf Schwedisch sowie in Cebua-no und Wäray-Wäray, zwei auf den Philippinen gesprochenen Sprachen. „Lsjbot" setzt Informationen über Tiere oder Städte, die bereits digitalisiert in Datenbanken vorliegen, in das von Wikipedia vorgegebene Format um. Mitte 2013 waren knapp die Hälfte aller schwedischen Wikipedia-Artikel – im Wortsinn – maschinengeschrieben. Die niederländische Wikipedia wuchs durch computergenerierte Beiträge an Größe sogar über die deutsche hinaus.

Johansson hat für seine Aktion ebenso viel Lob wie Kritik geerntet. Seinen Artikeln mangele es an Kreativität, und ihre schiere Masse erzeuge ein Ungleichgewicht. Darauf entgegnet er, dass seine Werke – Kreativität hin oder her – durchaus nützlich seien, und die durch sie erzeugte Unausgewogenheit sei auch nicht schlimmer als der allgemein beklagte Überhang technischer Themen in der Wikipedia. In der Tat erscheint Johanssons Plan, für jede bekannte Tierart einen Eintrag zu erzeugen, nicht unsinnig. Er plädiert zwar für eine breite Anwendung seines Programms, doch betont zugleich, dass die Wikipedia Redakteure brauche, die literarischer als „Lsjbot" schreiben und Gefühle ausdrücken können, „wozu dieses Programm niemals fähig sein wird".

Viel komplexer und eher der Bezeichnung künstliche Intelligenz würdig ist der Erfolg des Programms „Watson" von IBM in der Fernsehspielshow „Jeopardy!". Die erstmals 1962 in den USA ausgestrahlte Sendung ist nach wie vor sehr populär; eine deutsche Version namens „Gefahr!" wurde in den 1990er Jahren gesendet. Dabei gilt es, zu vorgegebenen Antworten aus verschiedenen Themenbereichen die passende Frage zu finden. Das Schwierige für „Watson": Die Antworten sind in Umgangssprache formuliert. Im Februar 2011 trat das Programm gegen zwei sehr erfolgreiche menschliche Spieler an – und gewann. Damit demonstrierte es, dass weder die bei „Jeopardy!" üblichen Wortspiele noch die Breite der unterschiedlichsten Wissensgebiete Hindernisse für die künstliche Intelligenz darstellen.

## Maschinen als Sprachvirtuosen

Heutzutage nehmen es die Programme sogar beim Kreuzworträtsellösen mit den besten menschlichen Fachleuten auf. Man muss sich wohl endgültig von der Vorstellung verabschieden, die Sprache sei dem Menschen vorbehalten, auch wenn die automatische Übersetzung von einer Sprache in die andere zuweilen noch haarsträubenden Unfug liefert.

Ebenso wie die Intelligenz ist der eng verwandte Begriff Denkvermögen schwer zu fassen. Was muss ein Computer können, damit wir ihm Intelligenz oder gar Denkvermögen zuschreiben? Um das zu beantworten, entwickelte 1950 der Informatik-Pionier Alan Turing (1912–1954) einen fiktiven Test, der heute noch seinen Namen trägt. Dabei führen mehrere Gutachter, so lange sie wollen, einen schriftlichen Dialog am Computer. Wenn die Experten ein Programm nicht von einem Menschen unterscheiden können, hat das System den Turing-Test bestanden – es muss Intelligenz beziehungsweise Denkvermögen besitzen. Schließlich träfen wir das entsprechende Urteil bei einem echten Menschen auch ausschließlich auf Basis der Interaktion mit ihm.

Seit einigen Jahren gibt es Programme, die eine abgeschwächte Form des Tests bestehen, bei der das Gespräch nur wenige Minuten dauert. Solch ein vereinfachter Turing-Test fand auch im September 2011 im indischen Guwahati mit dem Programm „Cleverbot" des britischen Informatikers Rollo Carpenter statt. 30 Fachleute unterhielten sich vier Minuten lang mit einem unbekannten Gesprächspartner. Am Ende gaben die Gutachter und das Publikum, das die Konversation auf Bildschirmen mitverfolgen konnte, einen Tipp ab: Von den 1334 Teilnehmern hielten knapp 60 % das Programm für einen Menschen.

Bei einem ähnlichen Test anlässlich Turings 60. Todestags am 9. Juni 2014 gelang es einem Programm namens „Eugene Goostman", 10 der 30 versammelten Gutachter in die Irre zu führen. Da die Organisatoren der Veranstaltung eine recht einseitige Darstellung in die Welt setzten, bejubelte die Presse als epochales Ereignis, was eigentlich ein eher bescheidener und zudem mit unfairen Mitteln erzielter Erfolg war: Das Programm gab vor, ein 13-jähriger Junge aus der Ukraine zu sein, und lieferte damit eine plausible Erklärung für sein schlechtes Englisch und sein eingeschränktes Weltwissen, die anderenfalls wohl die Gutachter eher an eine Maschine hätten denken lassen.

Bisher hat kein Algorithmus den „echten" Turing-Test bestanden, bei dem die Gutachter selbst über die Dauer des Gesprächs entscheiden können. Zudem ist zweifelhaft, ob die Methoden, die bei den abgeschwächten Tests erfolgreich waren, bei der Langfassung zum Ziel führen. Eine Weile kann ein Programm einen Experten an der Nase herumführen, indem es zu jeder Frage eine Antwort aus einem großen gespeicherten Vorrat auswählt. Da Schiedsrichter häufig sehr ähnliche Fragen stellen, ist die Chance groß, im Speicher eine passende Antwort zu finden. Wenn die Maschine dann noch mit Hilfe eines Programms zur grammatischen Analyse Versatzstücke aus der Frage in die Antwort einbaut, entsteht sogar der Eindruck eines gewissen

Verständnisses. Findet sie gar keine passende Replik, kontert sie mit einer Gegenfrage. Einem Journalisten, der „Eugene Goostman" fragte, wie er sich nach seinem Sieg fühle, erwiderte das Programm: „Was ist das für eine dumme Frage; können Sie mir sagen, wer Sie sind?"

---

### Hinter den Schlagzeilen: Das Go-Spiel ist geknackt

Im März 2016 haben die Maschinen im Brettspiel eine ihrer letzten Schwächen überwunden: das fernöstliche Spiel Go. In einem nach den klassischen Regeln gespielten Turnier gewann das Programm „AlphaGo" mit 4:1 gegen den süd-koreanischen Profi Lee Sedol, der als einer der derzeit besten Spieler gilt. Damit erreichten die Programmierer des Unternehmens Google DeepMind aus London ihr Ziel schätzungsweise zehn Jahre früher als erwartet.

Anders als Schach, bei dem heute selbst Großmeister keine Chance gegen die Computer haben, widersetzte sich Go bislang der künstlichen Intelligenz und galt darum als eine der letzten Bastionen menschlicher Überlegenheit im Spiel. Doch nun fand das Team um Demis Hassabis eine raffinierte Lösung in der Technik des so genannten Deep Learning.

Beim Go setzen Spieler nacheinander Steine ihrer Farbe (Schwarz oder Weiß) auf ein 19 mal 19 Felder großes Brett. Dabei gilt es, gegnerische Steine zu umzingeln und dadurch für sich zu erobern. Es gewinnt, wer mehr als die Hälfte des Bretts kontrolliert. Bei derartigen Spielen, in denen der Zufall nicht mitmischt, bietet es sich an, den Computer alle möglichen künftigen Züge im Voraus berechnen zu lassen – und zwar bis zum Ende der Partie. Das Ergeb-nis ähnelt einem Baum, der sich pro Zug um die Anzahl aller jeweils gültigen Folgezüge verästelt.

Lässt sich ein solcher Baum aufstellen, muss der Computer einfach nur solche Züge auswählen, die zu einem Gewinn der Partie führen. Leider ist es weder beim Schach und erst recht nicht beim Go möglich, sämtliche Verästelungen dieses Suchbaums zu verfolgen. Ihre Anzahl übersteigt rasch die Grenzen jedweder Handhabbarkeit. Doch das Ganze lässt sich auch viel einfacher lösen, sofern man nur diejenigen Pfade betrachtet, die besonders lohnend erscheinen, und diese zweitens nur so lange Zug um Zug in die Zukunft ver-folgt, bis man sicher genug weiß, ob sich die Partie in eine günstige Richtung entwickelt. Unnötige und aussichtslose Pfade werden einfach aussortiert. Die Schwierigkeit dabei ist nur: Woher weiß man, dass man Halt machen sollte? Und wie lassen sich überhaupt die lohnenden Züge finden?

Das Schachspiel liefert hier dank unterschiedlich gewichteter Figuren und eines kleineren Spielfelds mehr Anhaltspunkte, weshalb es im Jahr 1997 einem IBM-Team gelang, mit ihrem Programm „Deep Blue" den Schachgroßmeister Garri Kasparow zu besiegen. Go hingegen macht es den Computern besonders schwer. Zwischen den Steinen gibt es keine formalen Unterschiede, und ob es nützlich war, einen davon auf ein bestimmtes Feld zu setzen, stellt sich oftmals erst viel später in der Partie heraus. Der „Wert" einer gegebenen Stellung lässt sich darum nur schwer ermitteln.

Und genau hier kommt das Deep Learning zum Zug. Das Verfahren baut auf so genannten künstlichen neuronalen Netzen auf, die sich etwa darauf trainieren lassen, unterschiedliche Fotos einer Person zuzuordnen oder hand-schriftliche Kritzeleien einem Buchstaben des Alphabets. Diese Fähigkeit der

Mustererkennung machte sich das Team um Hassabis zu Nutze. Die Forscher verwendeten zwei separate Deep-Learning-Netze: eines, um in jeder Stellung die besonders lohnenden Züge herauszufiltern, und ein anderes, um den Wert einer Stellung zu bestimmen.

Beide Netze mussten jedoch zunächst lernen, ihre Aufgabe zu erfüllen. Anhand von 30 Millionen Spielzügen aus Partien fortgeschrittener Spieler trainierten sie das „Spielpolitik"-Netz *(policy network)*, das nach den jeweils lohnenden Zügen sucht. Es lernte dabei vorherzusagen, welche Spielzüge angesichts einer gegebenen Stellung am wahrscheinlichsten bevorstehen. Mit Hilfe dieses Netzes entwickelten sie anschließend eine rudimentäre Go-KI, die sie in leicht unterschiedlichen Versionen gegen sich selbst antreten ließen. Das Netz verfeinerte dadurch seine Vorhersagen, indem es berücksichtigte, ob diese zum Spielgewinn führten oder nicht. Bei diesem *reinforcement learning* genannten Lernverfahren werden Entscheidungen nachträglich belohnt, wenn sie sich als günstig herausstellen. Das „Werte"-Netzwerk *(value network)* trainierten sie dann ebenfalls anhand von 30 Millionen Partien darauf, vorherzusagen, welcher Spieler bei einer gegebenen Spielsituation die höheren Gewinnchancen hat.

Doch Hassabis und Kollegen waren nun immer noch nicht am Ziel. Der letzte und vermutlich entscheidende Schritt bestand darin, diese beiden neuen Werkzeuge mit einer Methode zu kombinieren, die bereits zum Knacken von Spielen wie Backgammon oder Scrabble beigetragen hat: die so genannte Monte-Carlo-Baumsuche. Bei diesem Verfahren erfolgt der Blick in die Zukunft einer Partie durch Simulation. Statt komplett alle denkbaren Zugkombinationen zu evaluieren, simuliert das Verfahren wahrscheinliche Verläufe. Die Informationen aus dem „Spielpolitik"-Netz half den Google-Forschern, diese Simulationen exakter zu gestalten; die Ergebnisse der Monte-Carlo-Suche verrechnete das Team dann fortlaufend mit den Vorhersagen des „Werte"-Netzes, um einen möglichst idealen Zug herauszupicken.

Besonders vielversprechend an diesem System ist die Tatsache, dass keines seiner Bestandteile spezifisch für Go ist. Während Schachcomputer explizit darauf programmiert werden, bestimmte Schwachstellen des Spiels auszunutzen, deutet vieles darauf hin, dass sich die Architektur von AlphaGo auch für Aufgaben in anderen Bereichen eignet. Überall dort, wo man es mit komplexen Entscheidungen zu tun habe, deren Lösung man nicht durch stupides Suchen finden könne, erklärt Hassabis. Als Beispiel nennt er die Analyse medizinischer Daten zur Krankheitsdiagnose oder Auswahl von Medikamenten und die Verbesserung von Klimamodellen.

*Jan Dönges*

Für spezielle Aufgaben – einschließlich einer gewissen Sprachbeherrschung – erreicht die künstliche Intelligenz heute das Leistungsniveau des Menschen oder übertrifft es sogar. Allerdings wurden diese Fortschritte praktisch nie durch Nachahmung der menschlichen Intelligenz erzielt und tragen zu deren Verständnis dementsprechend auch praktisch nichts bei. Insbesondere kann die Forschungsrichtung noch kein System vorweisen, das über eine wirklich allgemeine oder „universelle" Intelligenz verfügt.

Was wäre eine solche universelle Intelligenz? Auf diese Frage gibt es einige neuere Antwortversuche sehr abstrakter, mathematischer Natur – wohl der beste Weg, um zu einem absoluten, vom Menschen unabhängigen Begriff der Intelligenz zu gelangen.

## Intelligente Datenkompression

Eine naheliegende Hypothese lautet: Intelligenz ist die Fähigkeit, Regelmäßigkeiten und Strukturen aller Art zu erfassen oder, in Begriffen der Informatik ausgedrückt, Daten zu komprimieren und zukünftige Ereignisse vorauszusagen. Diese Fähigkeit bietet einen evolutionären Vorteil, denn ihr Träger kann sich die erkannten Regelmäßigkeiten durch entsprechend angepasstes Verhalten zu Nutze machen.

Der amerikanische Informatiker Ray Solomonoff fasste diese Beziehung zwischen Intelligenz, Kompression und Voraussage 1965 in eine Formel. Dabei griff er auf ein berühmtes Prinzip des Philosophen William of Ockham (1288–1347) zurück „Ockhams Rasiermesser", auch als Sparsamkeitsprinzip bekannt: Von mehreren möglichen Erklärungen eines Sachverhalts ist die einfachste zu bevorzugen. In Solomonoffs Version ist die „einfachste" Erklärung die am stärksten komprimierte, das heißt diejenige mit dem kleinsten Verhältnis zwischen Erklärung und erklärten Daten.

Der sowjetische Mathematiker Andrei Kolmogorow (1903–1987) und der US-amerikanische Mathematiker und Philosoph Gregory Chaitin versuchten, diese beiden Größen – die Datenmenge und den Umfang der Erklärung – in einen mathematischen Zusammenhang zu bringen. Ihrer algorithmischen Informationstheorie zufolge entspricht der Informationsgehalt einer Zeichenkette, etwa des Binärcodes eines Computerprogramms, der Länge des kürzesten Programms, das diese Zeichenkette erzeugen kann.

Mit Hilfe dieses Komplexitätsbegriffs versuchte sich der deutsche Informatiker Marcus Hutter, inzwischen Professor an der Australian National University in Canberra, an einer Definition einer „universellen Intelligenz". Demnach entspricht sie der Fähigkeit eines Systems, etwa einer Software, bestimmte „Ziele" in einer „Vielzahl von Umgebungsbedingungen" zu erreichen. Diese zunächst wenig erhellende Formulierung wird etwas klarer, wenn man Hutters Erläuterungen berücksichtigt: Als Umgebungsbedingungen bezeichnet er alle möglichen Probleme oder Daten, mit denen das System konfrontiert wird. Und diese sind ihm nicht unbedingt vorher schon bekannt, sondern es muss sich durch Lernen und Anpassung mit ihren Gesetzmäßigkeiten vertraut machen.

## Einheitliche Theorie: Das Kompressionsmodell von Marcus Hutter

Der Informatiker Marcus Hutter entwickelte ein theoretisches Konzept für eine universelle Intelligenz, die sowohl für Menschen als auch für Maschinen gelten soll. Dabei setzt er Intelligenz mit der Fähigkeit gleich, Daten zu komprimieren, ohne Informationsgehalt einzubüßen. Im August 2006 hat er zu einem öffentlichen „Intelligenztest" aufgerufen – einem Wettbewerb in Datenkompression –, der immer noch läuft. Jedermann kann sich daran beteiligen und das von Hutter selbst ausgesetzte Preisgeld von 50.000 € ganz oder teilweise gewinnen (http://prize.hutter1.net).

Die Aufgabe besteht darin, eine Datei mit 100 Mio. Schriftzeichen, die aus der Online-Enzyklopädie Wikipedia zusammengestellt wurde, mit Hilfe eines Programms auf möglichst wenige Zeichen zu komprimieren – verlustfrei wohlgemerkt: Ein mitzulieferndes Dekompressionsprogramm muss die Ausgangsdatei exakt wiederherstellen. Zu Beginn wurde die Datei mit Hilfe eines klassischen Kompressionsprogramms um etwa 81 % auf 18.324.887 Schriftzeichen reduziert. Wer ein Programm einreicht, das die Rate des letzten Gewinners um $N$ Prozent verbessert, erhält ($N$/100) mal 50.000 €. Wenn Sie sich beispielsweise ein Programm ausdenken, das im Vergleich zum vorigen Siegerprogramm eine zusätzliche Kompression von 5 % bringt, gewinnen Sie 2500 €.

Dem bislang letzten Sieger Alexander Rhatushnyak gelang im Mai 2009 eine Kompression auf 15.949.688 Zeichen. Claude Shannon, der Begründer der theoretischen Informatik, schätzte, dass die natürliche Sprache etwa ein Bit Information pro Zeichen trägt. Demnach müsste die genannte Datei mit 12,5 Mio. Zeichen ausdrückbar sein; es gäbe also noch Spielraum.

Hutter präzisiert seine Definition noch durch etliche technische Details und fasst sie in eine mathematische Formel. Doch noch ist sein Konzept zu abstrakt, um damit die universelle Intelligenz eines beliebigen KI-Systems zu bestimmen. Vielleicht entwickeln Forscher daraus in Zukunft einen „universellen Intelligenztest", der nicht mehr von den Eigenheiten des Menschen abhängt. Im Gegensatz zu den eingangs erwähnten multiplen Intelligenzen von Howard Gardner gäbe es somit ein einheitliches Konzept, das jedem lebenden oder mechanischen Wesen in sinnvoller Weise ein Maß an Intelligenz zuschreiben würde.

Ihrer gegenwärtigen Realitätsferne zum Trotz stellt diese Theorie einen bedeutenden Fortschritt dar. Mittlerweile hat die „universelle künstliche Intelligenz" den Rang eines eigenen Forschungsgebiets und eine eigene Fachzeitschrift, das frei zugängliche *Journal of Artificial General Intelligence*. Vielleicht wird die neue Disziplin den Forschern dabei helfen, die universelle Intelligenz zu realisieren, die unseren aktuellen Maschinen so offensichtlich fehlt.

## Quellen

Dowe, D., Hernández-Orello, J.: How universal can an intelligence test be. Adapt. Behav. **22**, 51–69 (2014)

Goertzel, B.: Artificial general intelligence: Concept, state of the art, and future prospects. J. Artif. Gen. Intell. **5**, 1–48 (2014)

Hutter, M.: Universal Artificial Intelligence: Sequential Decisions Based on Algorithmic Probability. Springer, Heidelberg (2005)

Tesuaro, G. et al.: Analysis of Watson's Strategies for Playing Jeopardy! http://arxiv.org/abs/1402.0571

## Webtipp

Hutter, M.: 50 000 Euros Prize for Compressing Human Knowledge. http://prize.hutter1.net

# Talent am Joystick

## Christof Koch

*Deep-Learning-Algorithmen lernen selbstständig Computerspiele, ohne vorab die Regeln zu kennen. Schon nach wenig Training sind sie menschlichen Gegnern oft deutlich überlegen.*

Ist Intelligenz an Bewusstsein gekoppelt? In der Menschheitsgeschichte galten die beiden Begriffe zumindest als eng miteinander verwandt. Doch es ist Zeit, sich von dieser Vorstellung zu verabschieden. Anlass dazu gibt das jüngste Werk von DeepMind – einem Unternehmen, das der Brite Demis Hassabis, ein Schachwunderkind, Videospielentwickler, Informatiker und Neurowissenschaftler, 2011 gründete. Vier Jahre später kaufte Google für Hunderte Millionen Dollar die damals noch relativ kleine Firma in London, welche sich auf die Programmierung künstlicher Intelligenz (KI) spezialisiert hat. Nun haben die schlauen Köpfe von DeepMind eine neue Software entwickelt und im Februar 2016 die Details in der Fachzeitschrift „Nature" veröffentlicht: Ihr Algorithmus vermag sich selbstständig die Regeln von bestimmten Videospielen anzueignen und ist mit etwas Übung jedem menschlichen Spieler überlegen. Auf den ersten Blick klingt das nicht unbedingt nach einer technischen Meisterleistung, doch Experten feiern die Erfindung als revolutionären Durchbruch.

Einen ersten Eindruck davon vermittelt ein Youtube-Video mit dem Titel „DeepMind Artificial Intelligence @FDOT14". Der Clip wurde auf

C. Koch (✉)
Seattle, USA
E-Mail: author@noreply.com

**67**

M. Bischoff (Hrsg.), *Künstliche Intelligenz,* https://doi.org/10.1007/978-3-662-62492-0_8

einer Konferenz im Jahr 2014 mit einem Smartphone aufgezeichnet. Zu Beginn spricht Hassabis darüber, wie die Software lernt, „Breakout" zu spielen – einen Klassiker unter den Videospielen der Firma Arcade. Das Ziel besteht darin, möglichst viele Ziegelsteine, die am oberen Rand in Reihen angeordnet sind, mit einem Ball zu zerstören. Nach einem Treffer verschwindet der Stein, und das Geschoss prallt nach unten ab. Jetzt muss der Spieler seinen Schläger rasch entlang des unteren Bildschirmrands bewegen und versuchen, den Ball wieder nach oben zu lenken. Gelingt dies nicht, verliert man eines seiner drei Leben.

Das Spiel, unter anderem von Apple-Mitbegründer Steve Wozniak entwickelt, wirkt heutzutage eher primitiv. Gleichwohl erfreut es sich nach wie vor großer Beliebtheit. Hassabis erläutert in dem Video, dass der Algorithmus zu Beginn gar nichts wisse, und zeigt entsprechende Aufnahmen, in denen sich der Schläger rein zufällig und unkoordiniert bewegt und deshalb den Ball kaum trifft. Doch schon nach einer Stunde Training hat sich die Leistung deutlich verbessert: Der Schläger verfehlt nur noch selten den Ball, und immer mehr Ziegel gehen zu Bruch. Nach zwei Stunden Übung war die Software bereits besser als die meisten menschlichen Spieler; sie lenkte nun den Ball schnell und im spitzen Winkel zurück – eine Methode, um mehrere Steine gleichzeitig zu zerstören.

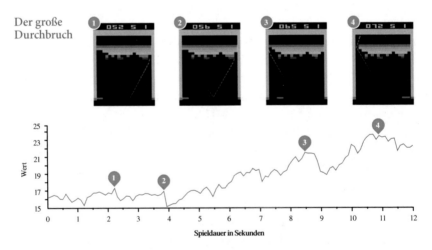

Der große Durchbruch

Der KI-Algorithmus von DeepMind steigerte in dem Computerspiel „Breakout" seine Spielleistung (dargestellt durch den „Wert") mit Hilfe einer intelligenten Taktik: Er schlug ein Loch in die Ziegelwand, so dass der Ball anschließend viele Ziegel von oben zerstörte, während der Balken unten ruhen konnte (siehe Bild 4). Die Grafik zeigt nur einen kurzen Spielausschnitt (aus: Mnih, V. et al.: Human level control through deep reinforcement learning, in: Nature 518, S. 529–533, 2015, extended data Fig. 2; mit freundlicher Genehmigung von Nature).

Die Programmierer ließen den Algorithmus weiter zocken, und er verbesserte seine Taktik stetig. Nach vier Stunden entdeckte er eine Strategie, mit welcher er jeden noch so talentierten menschlichen Spieler toppte. Das Programm schlug den Ball immer wieder so, dass er nach und nach ein Loch in die Ziegelwand brach. Anschließend pendelte er zwischen oberem Rand und der Mauer hin und her und zerstörte dadurch rasch viele Steine.

Das Vorgehen beeindruckte die versammelten Experten derart, dass sie spontan in Beifall ausbrachen, was auf einer wissenschaftlichen Konferenz eher ungewöhnlich ist.

Damit man die Begeisterung nachvollziehen kann, muss man die Software etwas genauer unter die Lupe nehmen. Sie fußt auf drei Komponenten der Neurobiologie: Verstärkungslernen *(reinforcement learning)*, tiefes Faltungsnetzwerk *(deep convolutional network)* und selektives Durchspielen von Erinnerungen *(selective memory replay)*.

Das erste Prinzip geht davon aus, dass Organismen lernen, sich optimal zu verhalten, indem sie Konsequenzen einer Handlung mit einem vorausgehenden Reiz verknüpfen. Ein bestimmter Stimulus zieht somit ein gewisses Verhalten nach sich. Auf diese Weise erklärt der Behaviorismus, eine im 20. Jahrhundert vorherrschende Theorie, menschliches und tierisches Lernen.

Die Methode eignet sich beispielsweise dazu, Haustiere zu erziehen. Um meine Berner Sennenhündin Ruby stubenrein zu bekommen, gab ich ihr Wasser, brachte sie anschließend an eine bestimmte Stelle im Garten und wartete und wartete. Irgendwann pinkelte sie, und ich lobte sie dafür überschwänglich. Falls es in der Wohnung passierte, schimpfte ich mit ihr. Hunde reagieren auf solche positiven und negativen sozialen Signale und lernen daraus. Nach ungefähr zwei Monaten wusste Ruby, dass der Drang, die volle Blase zu entleeren, Belohnung oder Strafe nach sich ziehen kann – je nachdem, wo sie es tut.

## Lernen durch „trial and error"

Das Prinzip des Verstärkungslernens wurde später formalisiert und in neuronale Netze übertragen, unter anderem, um Programmen das Computerspielen beizubringen. Der IT-Experte Gerald Tesauro von IBM nutzte etwa eine spezielle Version, das so genannte *temporal-difference learning*, um ein neuronales Netz in Backgammon zu trainieren. Das Programm analysiert die Spielstellung und geht dann jeden erlaubten Zug durch, auch die potenziellen Reaktionen des Gegners. Es beurteilt alle diese möglichen Abfolgen und wählt schließlich diejenige Aktion, die zu einer Stellung mit der besten Bewertung führt. Zunächst macht der Algorithmus noch viele Fehler, lernt aber schrittweise durch „*trial and error*" dazu.

Das Schwierige dabei: Zwischen einem Spielzug und dem Resultat – sei es positiv oder negativ – liegen gewöhnlich viele weitere Züge. Da hilft nur eine Menge Training. Tesauros Programm benötigte zum Beispiel rund 200.000 Partien gegen sich selbst, bis es schließlich einen menschlichen Experten schlagen konnte.

Das zweite Prinzip, auf dem die Software von DeepMind fußt, sind tiefe Faltungsnetzwerke. Sie basieren auf einem Modell der Neurowissenschaftler Torsten N. Wiesel und David H. Hubel (1926–2013), das beschreibt, wie das Gehirn arbeitet. Die beiden Forscher entwickelten es in den späten 1950er und frühen 1960er Jahren an der Harvard University, um das visuelle System von Säugetieren zu erklären. 1981 erhielten sie dafür den Nobelpreis.

Das Modell geht von hintereinandergeschalteten funktionalen Einheiten aus, die jeweils die eingehende Information bewerten und sie je nach Wichtigkeit weiterleiten oder nicht. Laut manchen Theoretikern ist das visuelle System im Wesentlichen nichts anderes als eine Kaskade solcher funktionalen Schichten – ein so genanntes vorwärts gerichtetes *(feedforward)* neuronales Netzwerk. Jede Einheit bekommt ihre Information von der darunter liegenden Schicht und schickt sie an die darüber liegende. Die Retina bildet dabei die erste Station; sie nimmt die ankommenden Lichtreize auf, registriert Unterschiede in der Helligkeit des Bilds und gibt diese Daten an die nächste Verarbeitungsstufe weiter. Die letzte Schicht verleiht dem Gesehenen schließlich eine Bedeutung. Sie lässt den Betrachter darin beispielsweise die Großmutter oder Elvis Presley erkennen.

Traditionell kombinieren Entwickler solche vorwärts gerichteten Netzwerke mit dem so genannten angeleiteten Lernen, um etwa bestimmte Erkennungsaufgaben zu lösen. Das funktioniert folgendermaßen: Eine Software bekommt Zehntausende Bilder gezeigt – jeweils mit einer Zusatzinformation, zum Beispiel, ob eine Katze zu sehen ist oder nicht. Mit jedem Bild verbessert das Programm die Bewertung des Inputs der einzelnen Prozesseinheiten. Nach ausgiebigem Training erkennt die Software schließlich zuverlässig Katzen auf Fotos. Man könnte es vergleichen mit einer Mutter, die mit ihrem Kleinkind ein Bilderbuch anschaut und ihm immer wieder diese Tiere zeigt. Nach und nach wird es lernen, was Katzen von anderen Dingen unterscheidet.

Mit der angeleiteten Form des Lernens können Computer inzwischen noch viel mehr – etwa gesprochene Sprache in Text übersetzen, Fußgänger in Videos identifizieren und sogar Tumore in Brustscans finden. Sie brauchen dazu aber während des Lernprozesses zusätzliche Informationen. In diesem Punkt unterscheidet sich das vorher beschriebene verstärkende Lernen, das Hassabis und Kollegen für ihre tiefen Faltungsnetzwerke benutzten. Eine Bilderkennungssoftware, die auf dieser Lernform beruht, muss ohne das Etikett „Katze" auskommen. Stattdessen erarbeitet sich das Netzwerk den Begriff nur anhand der gefällten Entscheidungen und darauf folgenden potenziellen Belohnungen. Genauso arbeitet auch der Algorithmus von DeepMind – nicht um Tiere zu erkennen, sondern um Videospiele perfekt zu beherrschen. Als Input bekommt er die farbigen Pixel des Bildschirms, den Spielstand und die Bildschirmansichten der drei vorangehenden Züge. Erhöht sich der Punktestand, stellt das eine Belohnung für ihn dar. Die Konsequenzen eines einzelnen Zugs kennt er jedoch nicht im Voraus; diese stellen sich erst während des Spielverlaufs heraus.

## Software trainiert sich selbst

Die dritte Komponente der Software ist das selektive Durchspielen von Erinnerungen – ein Prozess, der im Hippocampus, der menschlichen „Gedächtniszentrale", ähnlich abläuft. Bestimmte Aktivitätsmuster der Neurone, wie sie etwa beim Gehen durch ein Labyrinth auftreten, wiederholen sich im Zeitraffer, wenn wir uns an dieses Erlebnis erinnern. Das geschieht auch beim Algorithmus: Er kramt zufällig eine Spielepisode samt eigener Aktionen aus seinem Speicher hervor. Dadurch trainiert er sich selbst anhand früherer Erfahrungen und aktualisiert ständig die Bewertungsfunktion.

Zunächst reagierte das Programm ganz zufällig und steuerte den Schläger ohne Strategie. Aber im Lauf der Zeit fand der Algorithmus selbstständig heraus, wie er den Joystick bewegen muss, damit der Ball möglichst viele Ziegel zerstört. Einem professionellen menschlichen Spieletester war die Software schließlich um erstaunliche 1327 % überlegen.

Die Entwickler von DeepMind gaben sich jedoch nicht damit zufrieden, dass ihr Programm nun eine einzige Aufgabe perfekt beherrschte. Sie ließen es auf weitere 49 Videospiele vor allem aus den 1980er Jahren los, die allesamt Zeitvertreib für Generationen von Teenagern waren – darunter Road Runner, Ms. Pac-Man oder Alien. Für jedes Spiel benutzte das Team denselben Algorithmus mit den exakt gleichen Einstellungen. Nur die ausgeführten Aktionen variierten entsprechend den spezifischen Anforderungen des jeweiligen Spiels – mitunter muss man zum Beispiel den Feuerknopf des Joysticks drücken. Das Ergebnis war eindeutig: Ihr Programm war allen anderen konkurrierenden Spielalgorithmen überlegen. Allerdings stieß es auch an seine Grenzen; es schlug sich umso schlechter, je mehr Kalkül ein Videospiel erforderte. Ein Beispiel dafür ist Ms. Pac-Man. Hier muss man einem Geist entwischen und seine Züge weit im Voraus planen.

Dennoch weist die Software zweifellos eine neue, ganz raffinierte Form von künstlicher Intelligenz auf. Seine Vorgänger waren hoch spezialisiert – etwa das Programm Deep Blue, das 1997 den Schachgroßmeister Garri Kasparow schlug, und Watson, das zwei menschliche Rekordhalter in der Quizshow „Jeopardy" besiegte. Bei ihnen handelte es sich um Algorithmen, die man speziell für diese besonderen Aufgaben geschaffen hatte. Das Markenzeichen der neuen Generation von intelligenten Programmen ist hingegen ihre menschenähnliche Fähigkeit, per *„trial and error"* zu lernen.

Zweifellos arbeiten die Entwickler bei DeepMind weiter an noch ausgeklügelteren Lernmethoden, um irgendwann komplexere Spiele beherrschen zu können. Entsprechend werden die Programme immer besser darin, spezifische Aufgaben in definierten Nischen zu bewältigen. Sie werden sich aber vermutlich niemals wie wir an einem Kunstwerk oder einem Sonnenuntergang erfreuen – und von einem eigenen Bewusstsein sind sie noch meilenweit entfernt.

## Quellen

Mnih, V., et al.: Human-level control through deep reinforcement learning. Nature **518**, 529–533 (2015)

# Computer bluffen am besten

## Eva Wolfangel

*Maschinen können jetzt besser pokern als Menschen. Zwei Forscherteams streiten darum, wessen Beitrag dazu größer war.*

Michael Bowling ist im Januar 2017 wohl ziemlich erschrocken. Ein Computerprogramm namens „Libratus" gewann damals in einem wochenlangen Wettkampf in Pittsburgh langsam, aber sicher die Oberhand über mehrere Weltklasse-Pokerspieler. Dabei hatte Bowling, der als Informatiker an der University of Alberta in Kanada arbeitet, mit Kollegen aus Prag selbst einige Zeit zuvor mit seiner künstlichen Intelligenz „DeepStack" gegen Profispieler gewonnen. Der Artikel, in dem Bowlings Team diese Leistung im Detail beschreibt, befand sich allerdings gerade im Review-Prozess der Fachzeitschrift „Science" – und die Veröffentlichung war noch nicht in Sicht.

Dumm gelaufen, könnte man meinen. Den Rekord, als erstes Team eine überlegene Poker-KI erschaffen zu haben, wollte sich Bowling aber nicht nehmen lassen. Also stellten er und seine Kollegen, kurz bevor Libratus seinen Siegeszug antrat, ihren noch nicht von Gutachtern geprüften Artikel auf die Internetplattform arXiv. Am Donnerstag ist diese Arbeit nun in „Science" erschienen und damit einer gewissen Qualitätsprüfung unterzogen worden. Eine Hürde, die Libratus noch nicht genommen hat.

E. Wolfangel (✉)
Stuttgart, Deutschland
E-Mail: author@noreply.com

M. Bischoff (Hrsg.), *Künstliche Intelligenz,* https://doi.org/10.1007/978-3-662-62492-0_9

# Zehn von elf Pokerprofis besiegt

Bowling und seine Kollegen beschreiben in ihrem Aufsatz, wie ihr Programm DeepStack in jeweils 3000 Partien gegen elf professionelle Pokerspieler antrat. Zehn der Kontrahenten konnte die Software so oft besiegen, dass dies durch Pech auf Seite der Menschen praktisch nicht mehr erklärt werden kann. In der Forschung zur künstlichen Intelligenz markiert das einen signifikanten Fortschritt. Auch wenn die Regeln von Poker für Menschen deutlich einfacher zu verstehen sind als die des asiatischen Brettspiels Go, in dem im Jahr 2016 eine künstliche Intelligenz von Google brillierte: Für Computer ist Poker das schwierigere Spiel.

Bei Go oder Schach liegt alles, was vor sich geht, für alle Beteiligten sichtbar auf dem Spielbrett. Bei „Heads-up no-limit Texas hold'em" (HUNL), für das Libratus und DeepStack entwickelt wurden, hat jeder Spieler zwei Karten auf der Hand, die der Kontrahent nicht sehen kann. Das Ziel dieser Zwei-Personen-Variante von Poker ist, die beiden Handkarten mit mehreren offen ausliegenden Karten zu einem Blatt zu kombinieren, das wertiger ist als das des Gegenspielers. Außerdem können die Teilnehmer mit beliebigen Geldbeträgen auf ihren Sieg wetten.

Diese Eigenarten machen HUNL-Poker zu einem Paradebeispiel für ein Spiel, das auf „unvollständigen Informationen" basiert, wie Informatiker sagen. Verschärfend hinzu kommt, dass auch der Gegenspieler nicht alles weiß und deshalb aus einer bestimmten Situation möglicherweise falsche Schlüsse zieht – oder bewusst blufft. Diese Besonderheiten vergrößern die Zahl möglicher Entscheidungen beträchtlich. „Man muss die fehlenden Informationen schließlich trotzdem berücksichtigen", sagt der Informatiker Eneldo Loza Mencía von der Technischen Universität Darmstadt. Wie schon bei Go hatten viele Experten deshalb vermutet, dass die ersten Erfolge hier frühestens in einigen Jahren vermeldet werden würden. Wie bei Go wurden sie nun überrascht.

Um zu berechnen, wie Computer mit unbekannten Informationen, die auch noch von Handlungen anderer abhängen, am besten umgehen können, nutzen Informatiker die Spieltheorie. In der Umsetzung bedeutet das, dass der Computer an jedem Punkt des Spiels berechnet, welche Aktion mit der größten Wahrscheinlichkeit zum optimalen Verlauf des nächsten Zuges führt. Die Maschine versucht dabei, so nah wie möglich an das so genannte Nash-Gleichgewicht heranzukommen. Dieses Vorgehen kann der Spieltheorie zufolge durch keine andere Strategie geschlagen werden.

Bei den meisten Spielen ist die Nash-Strategie, der ein Gegenüber allenfalls ein gleich wirksames Kalkül entgegensetzen kann, nur schwer zu finden. Selbst für Schach ist dieses Problem noch nicht gelöst, obwohl man das annehmen würde, weil Schachcomputer schon lange besser spielen als Menschen. „Aber sie spielen eben nicht perfekt", sagt Michael Thielscher von der University of New South Wales in Sydney, Australien.

Klassischerweise berechnen Informatiker für komplexere Spiele das gesamte Spiel im Vorfeld. Sie generieren einen so genannten Entscheidungsbaum, in dem das Programm nach dem optimalen Zug in einer bestimmten Situation suchen kann. Bei manchen Spielen stößt diese „globale" Strategie aber an ihre Grenzen: Für HUNL-Poker gilt es $10^{160}$ mögliche Entscheidungen zu berechnen, bei Go sind es sogar $10^{170}$. Das ist selbst für moderne Supercomputer zu viel. „Der Poker-Spielbaum ist nicht berechenbar", fasst Loza Mencía zusammen.

# Intuition statt roher Rechenpower

Daher setzen Informatiker ihrer künstlichen Intelligenz für gewöhnlich eine reduzierte Variante des Spiels vor. Dabei stehen nicht mehr alle denkbaren Entscheidungen offen. Stattdessen werden ähnliche Handlungsoptionen zu Gruppen zusammengefasst. So gingen die Forscher um Tuomas Sandholm von der Carneggie Melon University auch bei der Programmierung von Libratus vor, der künstlichen Intelligenz, die unter großem öffentlichem Aufsehen im Januar 2017 Pokerprofis besiegte.

Den vereinfachten Entscheidungsbaum ließen die Forscher anschließend von einem Supercomputer nach dem jeweils besten Zug durchsuchen. „Aber die Abstraktion des Spiels kann dazu führen, dass du ein sehr schlechter Pokerspieler bist", kritisiert Bowling, der DeepStack-Erfinder. Schließlich verfüge Libratus damit nicht über alle nötigen Informationen. Denn der Entscheidungsbaum der Poker-KI ist beschnitten wie ein Baum im Winter, nachdem der Gärtner da war.

Mit ihrer eigenen, nun in „Science" vorgestellten Kreation wollten es Bowling und seine Kollegen besser machen. Statt auf rohe Rechenpower zu setzen, arbeite DeepStack mit Intuition, sagt der Forscher. Zudem laufe das Programm auf einem handelsüblichen Laptop und benötige nicht wie Sandholms KI einen Supercomputer. Doch wie kann eine Maschine Intuition haben? Eigentlich ist das eine menschliche Eigenart, mit der Menschen gewissermaßen ihre begrenzte Rechenkapazität ausgleichen: Sie berücksichtigen bei der Entscheidungsfindung nicht alle möglichen Wege, sondern nur diejenigen, auf denen sie mit einer gewissen Wahrscheinlichkeit ihr Ziel erreichen können.

Um diesen Kniff einer Maschine beizubringen, ließ Bowlings Team die DeepStack-Software zunächst zehn Millionen Pokerpartien gegen sich selbst spielen, eine Form von „Deep Learning" neuronaler Netze. Dabei entwickelte das Computerprogramm laut Bowling eine Art Bauchgefühl, auf das sich auch Profispieler berufen: ein Gespür dafür, welcher Zug in welcher Situation erfolgreich sein könnte, ohne die Folgen der Handlung bis zum Ende des Spiels durchrechnen zu müssen. Die Software berücksichtigte jeweils bloß die nächsten sieben Spielzüge und entschied dann, welche die beste Aktion sei. Auf ähnliche Weise reduzierte die Google-Software AlphaGo bei ihrem Sieg gegen Go-Profis die Entscheidungspunkte.

## DeepStack nutzt seine Erfahrung

„Neuronale Netze können gut von bekannten Situationen auf ähnliche, aber unbekannte Situationen schließen", sagt Loza Mencía. Das System muss die Situationen nicht jedes Mal neu berechnen, es muss sie nicht einmal kennen. Es sucht sich eine vergleichbare Situation aus, beispielsweise Tischkarten mit ähnlichen Werten, und schließt aus diesen, was in der unbekannten Situation der richtige Weg ist. Intuition ist allerdings ein unscharfer Begriff: „Wahrscheinlich verwenden wir ihn genau deshalb: Neuronale Netze lernen etwas, was wir als Programmierer nicht verstehen, wir sehen nur das richtige Ergebnis", sagt Thielscher.

Beim Pokern muss die künstliche Intelligenz einen Vorgang berücksichtigen, der Maschinen an und für sich fremd ist: das Bluffen. So zu tun, als habe man bessere Karten, als man tatsächlich hat, das scheint auf den ersten Blick Menschen vorbehalten zu sein. Interessanterweise lernte DeepStack das Bluffen aber von ganz allein, ohne sich dabei an menschlichen Spielern zu orientieren: „DeepStack machte im Spiel gegen sich selbst die Erfahrung, dass man erfolgreicher ist, wenn man blufft", sagt Bowling. Auch hier hat das neuronale Netz ein Muster gefunden, das den Weg zum perfekten Ergebnis ebnet. Ob das nun bluffen oder lügen heißt, ist der künstlichen Intelligenz egal.

Sandholm hingegen wollte bei der Entwicklung von Libratus so wenig wie möglich von seinem System überrascht werden und nutzte deshalb kein Deep Learning. „Da gibt es keinerlei Garantien, wie gut diese Lösung ist und ob nicht Zufall eine Rolle spielt", sagte er im Januar. Das ist im Spielebereich keine seltene Haltung. DeepStack sei nach AlphaGo erst die zweite Spiele-Software gewesen, die mittels Deep Learning trainiert worden sei, sagt Thielscher: „Wir nutzen Deep Learning eigentlich nur als zweite Wahl, wenn wir nicht wissen, wie wir ein Problem lösen können."

Sandholm habe den Einsatz des modernen Verfahrens wahrscheinlich nicht für nötig gehalten, da er die Erfolgsstrategien im Poker kannte und die Herausforderung „nur" darin bestand, seine Software so zu programmieren, dass die Datenmassen handhabbar blieben. „Die einfachste Stellschraube ist hier das Abstraktionsniveau", sagt Loza Mencía. „Wenn man doppelt so viel vereinfacht, ist der Spielbaum nur halb so groß." Und damit auch schneller durchsuchbar. Noch vor einem Jahr habe ein Vorläufer von Libratus in einem Wettbewerb gegen Menschen verloren. Offenbar haben Sandholm und Kollegen die notwendigen Abstraktionen im Entscheidungsbaum verringert und verfeinert, so dass das System nun gut genug war, um jetzt menschliche Profis zu schlagen.

Ist es nun ein Meilenstein, wenn Computer Entscheidungen auf der Grundlage unvollständiger Informationen fällen können? Bei den bisherigen Spielerfolgen von künstlichen Intelligenzen in Spielen von Schach bis Go konnte man stets argumentieren, dass die Maschinen sehr viel besser als Menschen in der Lage sind, Massen an Informationen zu verarbeiten. Der Erfolg beim Pokern zeigt nun allerdings, dass Computerprogramme Fähigkeiten entwickeln können, die auch bei vielen Alltagsproblemen hilfreich wären.

## Künstliche Intelligenz in der Medizin

„Jede Entscheidung im echten Leben beruht auf unvollständigen Informationen", sagt Bowling. Letztlich könne seine Arbeit daher dazu dienen, Programme wie DeepStack in der Medizin oder bei Verhandlungen einzusetzen. „Wenn eine künstliche Intelligenz für uns verhandeln soll, könnte ich meine Präferenzen eingeben, ohne dass sie diese gleich verrät." Der Computer schlägt dann das Beste für den Auftraggeber heraus, entwickelt die perfekte Verhandlungsstrategie.

Ähnliches proklamiert Sandholm für Libratus: Ein künftiges „Spiel" der Software könnte die Suche nach Arzneimitteln gegen resistente Keime sein. Solche Probleme könnten jedoch noch deutlich komplexer sein als Go oder Poker, gibt Thielscher zu bedenken: „Es ist viel einfacher, ein Programm für ein klar definiertes Problem zu schreiben." Spiele wie Poker haben trotz der unbekannten Informationen eindeutige Regeln, und die Menge der Möglichkeiten ist zwar gigantisch, aber immer noch begrenzt. In der echten Welt werden Entwicklungen hingegen von einer unbegrenzten und vor allem unvorhersehbaren Anzahl von Faktoren beeinflusst: „Aktienkurse hängen beispielsweise von einem neuen Präsidenten ab, der twittert."

Das letzte Wort in der Frage, wer nun die Lorbeeren für den Sieg der Maschine über die Pokerspieler dieser Welt verdient hat, ist derweil noch nicht gesprochen. DeepStack hat zwar deutlicher gegen menschliche Spieler gewonnen, dafür waren diese nach Einschätzung von Experten weniger hochkarätig als die Opponenten von Libratus. „DeepStack hat nicht gegen die besten Spieler gespielt", stichelte Libratus-Schöpfer Tuomas Sandholm im Januar.

Generell ist es im Poker nicht so einfach wie bei Go oder Schach, den Weltmeister zu bestimmen. Es gibt Spitzenspieler, doch wer der weltweit Beste ist, ist nicht definiert. Absehbar ist aber, dass keiner von ihnen mit der neuen Generation der Pokerbots mithalten können wird. Das zeigt einmal mehr, wie rasant die Entwicklung der künstlichen Intelligenz mittlerweile vorangeht.

## Quellen

Moravčík, M. et al.: DeepStack: Expert-Level Artificial Intelligence in Heads-Up No-Limit Poker. ArXiv: 1701.01724v3 (2017)

Brown, N. et al.: Dynamic Thresholding and Pruning for Regret Minimization (2017)

# Das Go-Spiel ist geknackt

Jan Dönges

*Das Brettspiel Go galt als letzte Bastion menschlicher Überlegenheit. Doch nun feiert ein Google-Team den Durchbruch: „AlphaGo" ließ erstmals einen Top-Spieler schlecht aussehen.*

Am Ende ging es dann doch viel schneller als gedacht. „In zehn Jahren", antworteten Experten bislang, wenn man fragte, wann ein Computer in der Lage sein würde, menschliche Spitzenspieler im Go zu bezwingen. Das aus Ostasien stammende Brettspiel ist berüchtigt wegen seiner Komplexität – seit Langem gilt es darum als wichtiges Etappenziel bei der Weiterentwicklung der künstlichen Intelligenz (KI). Und 2016 ist es passiert: Ein Team des Google-Forschungslabors „DeepMind" in London berichtet, dass ihr System den amtierenden Europameister Fan Hui mit 5 zu 0 Spielen – man möchte hinzufügen: vernichtend – geschlagen hat.

Anders als Schach, bei dem heute selbst Großmeister keine Chance gegen die Computer haben, widersetzte sich Go bislang der künstlichen Intelligenz und galt darum als eine der letzten Bastionen menschlicher Überlegenheit im Spiel. Was den KI-Forschern vor allem fehlte, war ein raffinierter Lösungsansatz – und den fand das Team um Demis Hassabis nun in der Technik des so genannten Deep Learning. Ein Verfahren, das derzeit ein KI-Problem nach dem anderen knackt.

J. Dönges (✉)
Heidelberg, Deutschland
E-Mail: author@noreply.com

„AlphaGo", wie Hassabis und Kollegen ihre Software tauften, habe wie ein Mensch gespielt, lobt Toby Manning von der Britischen Go-Vereinigung, der die Partie gegen Hui beaufsichtigte: „Man konnte während des Spiels nicht sagen, wer wer ist." KI-Forscher Jonathan erwartet, dass der Erfolg in Forscherkreisen für Begeisterung sorgen wird: „Einen solchen Sprung nach vorne hat niemand erwartet", erklärt er im „New Scientist".

Beim Go setzen Spieler nacheinander Steine ihrer Farbe (Schwarz oder Weiß) auf ein 19 mal 19 Felder großes Brett. Dabei gilt es, gegnerische Steine zu umzingeln und dadurch für sich zu erobern. Es gewinnt, wer mehr als die Hälfte des Bretts kontrolliert. Bei derartigen Spielen, in denen der Zufall keine Rolle spielt, bietet es sich an, den Computer alle möglichen künftigen Züge im Voraus berechnen zu lassen – und zwar bis zum Ende der Partie. Das Ergebnis ähnelt einem Baum, der sich pro Zug um die Anzahl aller jeweils gültigen Folgezüge verästelt.

## Warum Schach so schwer ist – und Go noch schwerer

Lässt sich ein solcher Baum aufstellen, muss der Computer einfach nur solche Züge auswählen, die zu einem Gewinn der Partie führen. Leider ist es beim Schach nicht und erst recht nicht bei Go möglich, sämtliche Verästelungen dieses Suchbaums zu verfolgen. Ihre Anzahl übersteigt rasch die Grenzen jedweder Handhabbarkeit. Doch das Ganze lässt sich auch viel einfacher lösen, sofern man nur diejenigen Pfade betrachtet, die besonders lohnend sind, und diese zweitens nur so lange Zug um Zug in die Zukunft verfolgt, bis man sicher genug weiß, ob sich die Partie in eine günstige Richtung entwickelt. Unnötige und aussichtslose Pfade sortiert man einfach aus. Die Schwierigkeit dabei ist nur: Woher weiß man, dass man Halt machen sollte? Und wie findet man überhaupt die lohnenden Züge?

Das Schachspiel liefert hier dank unterschiedlich gewichteter Figuren und einem kleineren Spielfeld mehr Anhaltspunkte, was es dann letztendlich im Jahr 1997 einem IBM-Team erlaubte, mit ihrem Programm „Deep Blue" den Schachgroßmeister Garri Kasparow zu besiegen. Go hingegen macht es einer KI besonders schwer. Zwischen den Steinen gibt es keine formalen Unterschiede, und ob es nützlich war, einen davon auf ein bestimmtes Feld zu platzieren, stellt sich oftmals erst viel später in der Partie heraus. Der „Wert" einer gegebenen Stellung lässt sich darum nur schwer ermitteln.

Und genau hier kommt das Deep Learning zum Zuge. Das Verfahren baut auf so genannten künstlichen neuronalen Netzen auf, die sich beispielsweise darauf trainieren lassen, unterschiedliche Fotos ein und derselben Person zuzuordnen oder handschriftliche Kritzeleien einem Buchstaben des Alphabets. Diese Fähigkeit der Mustererkennung machte sich das Team um Hassabis zu Nutze. Die Forscher verwendeten zwei separate Deep-Learning-Netze: eines, um in jeder Stellung die besonders lohnenden Züge herauszufiltern, und ein anderes, um den Wert einer Stellung zu bestimmen.

## Zig Millionen Übungspartien

So gewappnet können sie den Suchbaum auf ein vertretbares Maß zurückstutzen: AlphaGo evaluierte sogar 1000-mal weniger Spielpositionen als seinerzeit DeepBlue im Match gegen Kasparow.

Beide Netze mussten jedoch zunächst lernen, ihrer Aufgabe nachzukommen. Das „Spielpolitik"-Netz (policy network), das nach den jeweils lohnenden Zügen sucht, trainierten sie anhand von 30 Mio. Spielzügen aus einer Datenbank von Partien fortgeschrittener Spieler. Ihr System lernte dabei vorherzusagen, welche Spielzüge angesichts einer gegebenen Stellung am wahrscheinlichsten durchgeführt werden. Mit Hilfe dieses Netzes entwickelten sie anschließend eine rudimentäre Go-KI, die sie in leicht unterschiedlichen Versionen gegen sich selbst antreten ließen. Das Netz verfeinerte dadurch seine Vorhersagen über die Wahrscheinlichkeit von Zügen, indem es berücksichtigte, ob seine Vorhersagen zum Spielgewinn führten oder nicht. Bei diesem „reinforcement learning" genannten Lernverfahren werden Entscheidungen nachträglich belohnt, wenn sie sich als günstig herausstellen. Das „Werte"-Netzwerk (value network) trainierten sie ebenfalls anhand von 30 Mio. Partien darauf, für eine gegebene Stellung vorherzusagen, ob eher Weiß oder Schwarz gewinnt.

## Die Kombination macht den Unterschied

Doch Hassabis und Kollegen waren nun immer noch nicht am Ziel. Der letzte und vermutlich entscheidende Schritt bestand darin, diese beiden neuen Werkzeuge mit einer Methode zu kombinieren, die bereits zum Knacken von Spielen wie Backgammon oder Scrabble beigetragen hat: die so genannte Monte-Carlo-Baumsuche. Bei diesem Verfahren erfolgt der Blick in die Zukunft einer Partie durch Simulation. Statt komplett alle denkbaren Zugkombinationen zu evaluieren, simuliert das Verfahren wahrscheinliche Verläufe. Die Informationen aus dem „Spielpolitik"-Netz half den

Google-Forschern diese Simulationen exakter zu gestalten; die Ergebnisse der Monte-Carlo-Suche verrechnete das Team dann fortlaufend mit den Vorhersagen des „Werte"-Netzes, um einen möglichst idealen Zug herauszupicken. Die Auswertung konnten die Entwickler parallelisieren, so dass sie auf mehr als 1000 Prozessoren verteilt werden konnte. Diese zusätzliche Rechenpower verbesserte noch einmal die spielerischen Fähigkeiten AlphaGos.

Besonders viel versprechend an diesem System ist die Tatsache, dass keines seiner Bestandteile spezifisch für Go ist. Während Schachcomputer explizit darauf programmiert werden, bestimmte Schwachstellen des Spiels auszunutzen, deutet vieles darauf hin, dass sich die Architektur von AlphaGo auch für Aufgaben in anderen Bereichen heranziehen lässt. Überall dort, wo man es mit komplexen Entscheidungen zu tun habe, deren Lösung man nicht durch stupides Suchen finden könne, erklärt Hassabis. Als Beispiel nennt er die Analyse medizinischer Daten zur Krankheitsdiagnose oder Auswahl von Medikamenten und die Verbesserung von Klimamodellen.

Auch Facebook scheint auf einen solchen Zusatznutzen der Go-KI zu hoffen, denn seine Forschungsabteilung tüftelt ebenfalls an einem eigenen System. Medienberichten zufolge spielen sie damit allerdings noch in der Nachwuchsklasse.

Und natürlich ließen Hassabis und Kollegen ihre Software auch gegen andere KIs antreten. Die Ergebnisse waren eindeutig. Selbst wenn sie dem Gegner einen Vorsprung gewährten, kassierten diese Niederlage um Niederlage. Im Endergebnis verzeichneten sie ein 494 zu 1. Die auf mehrere Computer verteilte Variante erwies sich gar als gänzlich unschlagbar. Jetzt gilt es, sich neue Herausforderungen zu setzen. Im März 2016 ist das maßgebliche Event geplant, bei dem AlphaGo beweisen muss, ob es bereits übermenschliche Fähigkeiten besitzt. Dann nämlich geht es gegen den aktuell weltbesten Spieler, den Südkoreaner Lee Sedol. Das Preisgeld für die Partie beläuft sich auf eine Million Dollar, die Google im Falle eines Gewinns spenden will.

Ist AlphaGo schon bereit für einen Meister des Go? „Ich würde mein Geld noch auf Lee Sedol setzen", sagt Toby Manning, „aber lieber nur einen ganz kleinen Betrag."

## Quellen

Silver, D., Huang, A., et al.: Mastering the game of Go with deep neural networks and tree search. Nature **529**, 484–489 (2016)

Gibney, E.: Google AI algorithm masters ancient game of Go. Nature **529**, 445–446 (2016)

# Schlau, schlauer, am schlausten: AlphaGo Zero

Janosch Deeg

*Das asiatische Spiel Go ist ungeheuer komplex. Die künstliche Intelligenz AlphaGo hat im Jahr 2016 zum ersten Mal einen Menschen darin besiegt. Nun jedoch muss sie sich selbst geschlagen geben.*

Frühjahr 2016: Die künstliche Intelligenz (KI) AlphaGo war bereit für das lange erwartete Duell; im Strategiespiel Go trat sie mehrmals gegen den weltbesten Spieler Lee Sedol aus Korea an. Das Ergebnis fiel mehr als deutlich aus: Der schlaue Algorithmus, der ähnlich wie ein neuronales Netzwerk funktioniert, gewann vier von fünf Duellen. KI schlägt Mensch (hier ein Bericht nach der ersten Partie). Nun jedoch kann das Programm AlphaGo einpacken. Seine Bilanz gegen einen neuen Gegner ist erheblich schlechter als die von Sedol, 0 Siegen stehen 100 Niederlagen gegenüber. Nein, es war (leider) kein Mensch, der die heldenhafte Tat vollbrachte und AlphaGo in die Knie zwang. Die KI verlor gegen ihren Nachfolger AlphaGo Zero. Das berichten nun Computerspezialisten der Google-Tochter DeepMind im Fachjournal „Nature".

Das jahrtausendealte asiatische Spiel Go ist verglichen mit Schach deutlich komplexer, da die Möglichkeiten der Züge ungemein höher sind: Es gibt mehr Brettkonfigurationen als Atome im uns bekannten Teil des Universums. Deshalb waren alle bisherigen KI-Programme daran gescheitert, fortgeschrittene menschliche Spieler zu bezwingen – bis AlphaGo kam,

J. Deeg (✉)
Heidelberg, Deutschland
E-Mail: author@noreply.com

M. Bischoff (Hrsg.), *Künstliche Intelligenz,* https://doi.org/10.1007/978-3-662-62492-0_11

lernte und siegte. Gleich den ersten Erfolg gegen den Champion Sedol kommentierte der Chefentwickler Demis Hassabis mit dem Satz: „Wir sind auf dem Mond gelandet." Das macht deutlich, was dieser Erfolg für ihn und viele andere Computerspezialisten bedeutete. Bis dato hatte das Spiel gewissermaßen als Beweis dafür gegolten, dass die KI dem Menschen nicht überlegen ist. Ob sich daran nun tatsächlich etwas geändert hat, darf natürlich weiterhin bezweifelt werden.

Gewiss aber ist, dass das spielende Programm nun noch schlauer geworden ist. Die neue Version nutzt im Gegensatz zu der vorherigen nur noch eine einzige Technik aus der KI-Forschung, das so genannte „Reinforcement Learning", zu deutsch so viel wie „verstärkendes Lernen". Das Programm startet dabei gewissermaßen, ohne irgendetwas zu wissen. Die einzige Vorgabe, welche die Entwickler einprogrammieren, ist eine Verstärkung des Verhaltens, das zu einem gewünschten Ergebnis führt – in diesem Fall zu einer Vergrößerung der beherrschten Gebiete auf dem Spielfeld. Denn letztlich führt eine solche Strategie zum Sieg, wenn man sie besser umsetzt als der Gegner. „Verstärkendes Lernen" ist also eine Technik, mit der sich ein gewünschtes Verhalten mittels einer Belohnungstaktik antrainieren lässt.

Die Vorgängerversion hingegen braucht zusätzlich zu dieser Lernmethode noch das so genannte „Supervised Learning", also ein „angeleitetes Lernen". Dabei bekommt das Programm vereinfacht gesagt Anweisungen. Die können etwa beinhalten, was eine gute Strategie ist. In der Regel sieht das so aus, dass das Programm Millionen von Partien menschlicher Spieler analysieren darf und so lernen kann, welche Taktik zum Erfolg führt.

AlphaGo Zero bekommt hingegen keine Leitlinie, keine Daten. Es lernt nur aus Spielen gegen sich selbst. Zu Beginn macht es noch zufällige Bewegungen, die mit zunehmender Anzahl von Partien jedoch immer mehr Sinn ergeben. Um schließlich seinen Vorgänger zu schlagen, benötigte das Programm lediglich ein paar Trainingstage, in denen es allerdings fast fünf Millionen Spiele gegen sich selbst absolvierte. Die KI entdeckte dabei selbstständig einige der gleichen Spielprinzipien, die Menschen entwickelt hatten – und eben auch noch weitere, die schließlich den Unterschied zu der Vorgängerversion ausmachten. Das Fazit daraus: Eine KI, die sich ganz eigenständig trainiert, ist offenbar am Ende schlauer als eine, die zusätzlich von menschlichen Strategien lernt. Das wirklich Wichtige dieser Entwicklung ist indes aber etwas Anderes. Die KI AlphaGo Zero kann sich im Prinzip alle möglichen Dinge selbst beibringen; sie ist nicht mehr limitiert auf ein spezifisches Problem oder Ziel.

# Quellen

Silver, D., Schrittwieeser, J., et al.: Mastering the game of Go without human knowledge. Nature **550**, 354–359 (2017)

# KI spielt StarCraft 2 auf Profiniveau

Daniela Mocker

*Nach Go wollen Entwickler nun auch StarCraft 2 geknackt haben: Die KI AlphaStar kann in dem Echtzeitstrategiespiel mit den besten 0,2 % der Spieler mithalten – auch ohne Vereinfachungen.*

Die künstliche Intelligenz (KI) AlphaStar spielt das Computerspiel StarCraft 2 besser als 99,8 % aller menschlichen Spieler. Das berichtet 2019 ein Team um Oriol Vinyals von der Google-Tochter DeepMind im Fachmagazin „Nature". Um ihre KI zu trainieren, nutzen die Computerspezialisten eine Kombination aus verschiedenen Techniken des maschinellen Lernens – „reinforcement learning", „multi-agent learning" und „imitation learning". Dabei brachten sie dem neuronalen Netz die Grundzüge des Computerspiels zunächst mit anonymisierten Spieldaten menschlicher Spieler bei. Anschließend ließen sie mehrere Agenten immer wieder gegeneinander antreten, wobei diese im Trial-and-Error-Verfahren neue Strategien entwickelten, um möglichst häufig zu gewinnen.

AlphaStar ist nicht die erste KI, die ein Spiel auf Profiebene beherrscht. Im Frühjahr 2016 schlug das ebenfalls von DeepMind entwickelte Programm AlphaGo den weltbesten Go-Spieler; 2017 besiegte AlphaZero, eine generalisierte Variante des Nachfolgeprogramms AlphaGo Zero, den besten Schachcomputer der Welt.

D. Mocker (✉)
Heidelberg, Deutschland
E-Mail: author@noreply.com

M. Bischoff (Hrsg.), *Künstliche Intelligenz,* https://doi.org/10.1007/978-3-662-62492-0_12

StarCraft 2, das zu den komplexesten und erfolgreichsten Strategiespielen der Welt zählt, stellt Entwickler auf Grund seiner Spielmechaniken jedoch seit Jahren vor deutlich größere Herausforderungen als Schach oder Go. So läuft es etwa nicht rundenbasiert, sondern in Echtzeit ab, und Spieler haben nie die Möglichkeit, das gesamte Spielfeld zu sehen. Die drei spielbaren Rassen Terraner, Zerg und Protoss verfügen jeweils über unterschiedliche Einheiten, die Ressourcen sammeln müssen, um Gebäude und stärkere Einheiten bauen zu können und den Gegner im Kampf zu besiegen. Je nach Fraktion führen unterschiedliche Taktiken zum Sieg.

Bereits Anfang 2019 stellte DeepMind eine Variante von AlphaStar vor, die es mit zwei der besten StarCraft-Spieler der Welt aufnehmen konnte. Allerdings spielte die KI unfair: Im Gegensatz zu ihren Gegnern konnte sie alle sichtbaren Bereiche des Spielfelds gleichzeitig überblicken und zudem unmenschlich schnell agieren. Außerdem konnte sie nur mit einer Fraktion auf einer einzigen Karte des Spiels spielen.

Daraufhin entwickelte DeepMind eine neue Version von AlphaStar, die mit vergleichbaren Einschränkungen wie menschliche Spieler zurechtkommen muss: So steuert sie nun etwa selbst die Kamera und darf nicht mehr Züge pro Minute machen, als einem menschlichen StarCraft-Profi nach Ansicht der Entwickler ebenfalls zuzutrauen sind. Ab Juli 2019 trat die KI schließlich anonym in Ranglistenspielen gegen echte StarCraft-Spieler an – und erreichte mit allen drei Rassen die höchste Liga der Rangliste, die lediglich die besten 200 Spieler von jeder der fünf Serverregionen umfasst.

„Die Studie zu AlphaStar ist methodisch sehr gut aufgebaut und durchgeführt", sagt Kristian Kersting, Leiter des Fachgebiets Maschinelles Lernen an der Technischen Universität Darmstadt. „Sie zeigt, dass hybride KI-Systeme – Systeme, die verschiedene KI-Techniken wie beispielsweise symbolische Suche, verstärkendes Lernen und tiefes Lernen in einem einzelnen System verbinden – komplexe Echtzeitstrategiespiele meistern können. Vielleicht nicht alle, aber zumindest StarCraft 2." Auch der Computerwissenschaftler Marcus Liwicki von der Technischen Universität Luleå in Schweden findet das Experiment prinzipiell interessant. Er bezweifelt allerdings, dass die Limits, die die DeepMind-Entwickler ihrer KI nun gesetzt haben, wirklich fair sind. „Die Klickrate ist bei rund 270 Klicks pro Minute. Das entspricht zwar einem Wert, den auch Profispieler erreichen, jedoch sind die meisten der Klicks Leerklicks, um aktiv zu bleiben. Es ist schwer vorstellbar, dass Menschen über die ganze Länge mehrerer Spiele ununterbrochen pro Sekunde mindestens vier sinnvolle Aktionen durchführen."

# Quellen

Vinyals, O., Babuschkin, I., et al.: Grandmaster level in StarCraft II using multi-agent reinforcement learning. Nature **575**, 350–354 (2019)

# Teil III Künstliche Intelligenz in der Anwendung

# Interview mit einem Cog

## Christiane Gelitz

*Kognitive Systeme von Google & Co. Entschlüsseln die Bedeutung von Sprache mit statistischen Methoden und künstlich neuronalen Netzen. Als Nächstes sollen sie lernen, Geschichten zu verstehen.*

Im Frühjahr 2015 diskutierten IT-Experten in einschlägigen Blogs über ungewöhnliche Veränderungen bei Google. Ihre Websites waren in den Suchergebnissen plötzlich um etliche Ränge gestiegen oder abgerutscht. Es handle sich wohl um ein Update der Suchmaschine, vermuteten die Spezialisten. Google selbst äußerte sich zunächst nicht dazu. Erst im Herbst gab das Unternehmen bekannt: Eine künstliche Intelligenz namens Rank Brain sei nun Teil der Google-Suchmaschine und erkenne Sinn und Absicht hinter mehrdeutigen oder umgangssprachlichen Suchanfragen.

Rank Brain bestimmt seither mit, welchen Ausschnitt der digitalen Welt Google anzeigt. Damit ist das System längst nicht das einzige seiner Art. Seit Ende 2015 lässt unter anderem auch Facebook Fotos in der Timeline seiner Mitglieder von einer KI auswählen.

Aber handelt es sich dabei tatsächlich schon um künstliche Intelligenz? Experten sprechen lieber von kognitiven Systemen, kurz Cogs. Sie verfügen über Facetten der menschlichen Intelligenz, können beispielsweise mehrdeutige Wörter richtig interpretieren und Rückfragen stellen, um ein Problem zu präzisieren. Dabei optimieren sie sich ständig selbst – sie lernen.

C. Gelitz (✉)
Heidelberg, Deutschland
E-Mail: author@noreply.com

M. Bischoff (Hrsg.), *Künstliche Intelligenz*, https://doi.org/10.1007/978-3-662-62492-0_13

Natürliche Sprache zu erkennen, zu verstehen und zu produzieren, ist eine ihrer schwierigsten Aufgaben.

Früher nannte man das Feld meist „Computerlinguistik", heute ist öfter von Natural Language Processing (NLP) oder im Deutschen von Sprachtechnologie die Rede. In Wirtschaft und Industrie sind die Begriffe Text Analytics und Text Mining gebräuchlicher. Automatisierte Sprachverarbeitung dient hier unter anderem dazu, Mails und Kundenkommentare zu kategorisieren, juristische Dokumente oder Sicherheitsprotokolle auszuwerten und Werbebotschaften zu optimieren. In der Medizin gleichen kognitive Systeme Krankheitsbild und -geschichte mit möglichen Diagnosen ab und suchen nach Therapiemethoden, die im individuellen Fall die beste Prognose bieten.

Die so genannten Cogs erzeugen auch journalistische Texte. Google unterstützt derzeit zahlreiche europäische Medienunternehmen, die intelligente Sprachtechnologie in ihre Angebote einbinden wollen. Die Nachrichtenagentur AP lässt schon seit 2014 automatisch Meldungen zu Geschäftszahlen von US-Unternehmen produzieren. Im Schnitt finden Leser solche künstlich erzeugten Texte weniger gut lesbar, dafür aber besonders glaubwürdig. Das berichteten Wissenschaftler der Ludwig-Maximilians-Universität München 2016, nachdem sie knapp 1000 Probanden computergenerierte Sport- und Finanznachrichten hatten bewerten lassen. Erklärte man den Probanden allerdings, eine Maschine habe den Text geschrieben, fielen die Urteile in allen Bereichen etwas negativer aus – unabhängig vom wahren Autor.

Nicht nur der Laie begegnet Maschinen, die Aufgaben von Menschen übernehmen, mit Skepsis. Der deutsche Digitalverband Bitkom gibt zu bedenken, dass kognitive Systeme „faktisch als Blackbox" auftreten. Wie sie zu ihren Ergebnissen kommen, ließe sich also schwer nachvollziehen, und damit steige das Risiko, „die Resultate komplexer kognitiver Analysen gänzlich fehlzuinterpretieren". Experten fordern deswegen, Datenquellen und Algorithmen von Roboterjournalisten und anderen Cogs offenzulegen. Philosophen warnen zudem, das Verhalten der Programme sei kaum vorhersehbar. Und wie könne man verhindern, dass eine KI für zwielichtige Interessen missbraucht wird?

Solche Vorbehalte sind durchaus begründet, wie ein Experiment im März 2016 zeigte. Der Softwarehersteller Microsoft lud auf Facebook und Twitter zu einem Schwätzchen mit dem selbstlernenden Chatprogramm Tay ein. Der Live-Chat mit einer KI lockte wohl auch Zeitgenossen mit fragwürdigen Ansichten und Absichten, und so plapperte Tay bald ungefiltert rassistische und sexistische Kommentare nach. Das Experiment wurde schnell beendet, etliche Posts gelöscht. Tay beherrschte zwar die englische Grammatik, nicht aber die Grundregeln von Anstand und Moral.

Das wohl bekannteste kognitive Programm, das natürliche Sprache deuten kann, ist Apples Sprachassistenzsystem Siri. Seit 2011 erlaubt es, das eigene iPhone mit gesprochener Sprache zu steuern, und beantwortet einfache Fragen. Im gleichen Jahr hatte schon IBMs Quizcomputer Watson die digitale Bühne betreten. Ein neues Zeitalter begann. 2015 kam die von den Unternehmen ausgerufene „Ära des Cognitive Computing" endgültig in der deutschen Wirtschaft an, in Form von zwei Großinvestitionen: IBM eröffnete seine weltweite Watson-Zentrale in München, und Google beteiligte sich am Deutschen Forschungszentrum für Künstliche Intelligenz (DFKI), dem weltweit größten seiner Art.

Dessen Gründungsdirektor Wolfgang Wahlster dämpft jedoch die Erwartungen. Von der menschlichen Alltagsintelligenz sei die KI noch Lichtjahre entfernt, erklärte der Informatiker auf der Computermesse CeBIT 2016; gesunden Menschenverstand könnten maschinelle Systeme „bislang nur äußerst beschränkt" erwerben. Ein Beispiel für einfachen Input, mit dem sich KI schwertue: das Verkehrsschild „80 bei Nässe". Denn was genau gelte als Nässe?

# Der State of the Art: Deep Learning

Die derzeit erfolgreichsten KI-Systeme beruhen auf Maschinenlernen: Ihre Algorithmen, also die Handlungsvorschriften im Code eines Computerprogramms, suchen in vorliegenden Daten mittels statistischer Verfahren nach Mustern, um daraus Regeln abzuleiten. Wird das Feedback, etwa ob eine Regel korrekte Zuordnungen oder Vorhersagen erlaubt, mit dem Trainingsmaterial mitgeliefert, handelt es sich um *supervised learning* (überwachtes Lernen). Hier gibt der Mensch die Kriterien vor, an denen sich das System orientieren soll. Beim *unsupervised learning* hingegen optimiert das System sein Vorgehen nach anderen Prinzipien. Zum Beispiel reduziert es eine Datenmenge so, dass dabei möglichst wenig Informationen verloren gehen.

Einen universellen Lernalgorithmus gebe es nicht, erklärt Yoshua Bengio von der University of Montreal in Kanada. Er gilt als einer der bedeutendsten Entwickler von Deep Learning, der erfolgreichsten Form des Maschinenlernens. Hierbei laufen die Prozesse in künstlichen neuronalen Netzwerken ab, das heißt auf mehreren sich überlappenden Stufen, angelehnt an die schichtweise Verarbeitung im menschlichen Gehirn.

Die Verbindungen innerhalb eines Netzwerks können sich verstärken und bestimmen auf diese Weise, wie wahrscheinlich eine Information von einem Knoten zum nächsten weiterspringt, erläutert Bengio. „Mit jeder neuen Erfahrung verändert ein Algorithmus eine Verbindung."

### Meilensteine der Computerlinguistik

**1950** Der britische Logiker Alan Turing stellt in seinem Aufsatz „Computing Machinery and Intelligence" den später nach ihm benannten Test für künstliche Intelligenz vor: Dieser gilt als bestanden, wenn Menschen in einem fünfminütigen Chat nicht herausfinden, welcher von zwei Gesprächspartnern ein Mensch und welcher eine Maschine ist.

**1966** Die Sprachsoftware ELIZA simuliert einen Gesprächspsychotherapeuten. Sie ist jedoch leicht als Computerprogramm zu entlarven.

**1986** KI-Pionier Marvin Minsky definiert Intelligenz als Zusammenspiel vieler kleiner, für sich allein geistloser Fähigkeiten, zum Beispiel Vergleichen, Vereinfachen und Generalisieren.

**2001** Tim Berners-Lee, Erfinder des World Wide Web, sagt voraus, dass digitale Agenten in naher Zukunft dem Menschen geistige Arbeit abnehmen.

**2011** Apples iPhone-Programm Siri beantwortet einfache gesprochene Fragen auf Englisch, Deutsch und Französisch. Im selben Jahr besiegt IBM-Computer Watson zwei menschliche Champions in der US-Quizshow „Jeopardy!".

**2014** Die Nachrichtenagentur AP erzeugt automatisierte Meldungen über Geschäftszahlen von US-Unternehmen.

**2015** Google integriert ein KI-System namens RankBrain in seine Suchmaschine.

**2015/2016** Die Minicomputer Amazon Echo (2015) und Google Home (2016) kommen ohne Tastatur und Bildschirm aus. Mit integriertem Mikrofon und Lautsprecher reagieren sie auf Sprachbefehle und informieren den Nutzer beispielsweise über das Wetter, spielen Musik ab oder bestellen Tickets im Internet.

**2016** Microsofts Chat-KI Tay produziert rassistische und sexistische Kurzmitteilungen, nachdem sie sich einen Tag lang frei mit Menschen auf Twitter ausgetauscht hat.

Laut einer repräsentativen Umfrage im Auftrag von Bitkom nutzt jeder zweite deutsche Smartphone-Besitzer die Sprachsteuerung seines Geräts.

**2075** In diesem Jahr, so glaubt die Mehrzahl der Experten laut einer Umfrage des Philosophen Nick Bostrom, wird es Computer mit einer menschengleichen künstlichen Intelligenz geben.

Deep Learning hat laut Experten entscheidenden Anteil an den Fortschritten der maschinellen Sprachverarbeitung; alle großen kommerziellen Spracherkennungsprogramme arbeiten damit. Ein weiterer Forschungstrend etabliert sich derzeit in der Praxis: *„word embedding"* (wörtlich „Worteinbettung", fachsprachlich distributionelle Semantik). Hier geht es darum, den Kontext von Wörtern zu erfassen, um sie richtig zu interpretieren. Was häufig in einem ähnlichen Umfeld auftaucht, hat auch eine ähnliche

Bedeutung, so die Idee. Die konkurrierenden Methoden unterscheiden sich vor allem darin, welche Kontextinformationen sie verwerten.

Der Informatiker Chris Biemann von der TU Darmstadt hat gemeinsam mit Forschern von IBM ein Programm entwickelt, das die typischen Kontexte eines Wortes aus umfangreichen Sprachsammlungen wie Lexika extrahiert und dann verschiedene denkbare Sinnzusammenhänge vorschlägt. Eine „Ader" kann so beispielsweise eine künstlerische Neigung oder ein Blutgefäß bezeichnen. Ein Punktwert gibt an, welche Wortbedeutung am wahrscheinlichsten ist.

Ein Team um den Informatiker Andrew Ng von der Stanford University zieht zwei Arten von Kontext heran, um Mehrdeutigkeiten aufzulösen: die direkte Wortnachbarschaft und das gesamte Dokument. Einer seiner Kollegen, Richard Socher, will sogar Sprachverstehen und Bilderkennung verbinden. Zeigt das Foto ein Tier? Wenn ja, welche Farbe hat es? Derartige Fragen beantworten kleine Kinder spielend, nicht aber ein Computer. Socher kombiniert ein digitales Langzeitgedächtnis für Faktenwissen mit einem Arbeitsgedächtnis, das die eingehenden Informationen verknüpft. Solche künstlichen Gedächtnismodelle mit Kurzzeitspeicher gelten auch in der maschinellen Übersetzung als State of the Art.

## Lernen mit Wahrscheinlichkeiten

Ähnlich wie Ärzte, die ihre Methoden an Patienten testen, erproben Sprachtechnologen ihre Algorithmen an Daten und prüfen, wie gut sie ihren Zweck erfüllen. In einem 2016 veröffentlichten Experiment testeten türkische Informatiker, mit welchen statistischen Methoden es am besten gelingt, aus wissenschaftlichen Texten Schlüsselwörter zu extrahieren und die Dokumente dann wiederum mit ihrer Hilfe zu kategorisieren. Die Spitzenreiter (eine Kombination aus so genannten Random-Forest- und Bagging-Algorithmen) erreichten eine Trefferquote von rund 94 %.

Wie nahe eine solche mathematische Herangehensweise dem natürlichen Lernprozess kommt, zeigten Psychologen von der Carnegie Mellon University in Pittsburgh 2015 in einem Überblicksartikel über statistische Prinzipien beim menschlichen Spracherwerb. Zwei Beispiele: Säuglinge bestimmen Wortgrenzen anhand der Wahrscheinlichkeit, mit der Lautsequenzen gemeinsam auftreten. Silben, die oft aufeinanderfolgen, ordnen sie also demselben Wort zu. Babys orientieren sich außerdem an Häufigkeitsverteilungen, um Laute zu unterscheiden. Gibt es zwei häufige Aussprachevarianten, so schließen sie daraus unbewusst auf zwei verschiedene

Laute. Verteilt sich die Aussprache um einen Gipfel herum, lernen sie, dass es sich um ein- und denselben Laut handelt.

Um einen Computer Sprachverstehen zu lehren, war es bis in die 70er Jahre allerdings üblich, die Regeln der menschlichen Sprache direkt einzugeben, etwa um Wortarten wie Substantive, Verb und Adjektiv zu identifizieren. Doch das gestaltete sich schwierig, unter anderem, weil dieselben Wörter Verschiedenes bedeuten können – zum Beispiel existiert das Wörtchen „sein" als Verb und besitzanzeigendes Fürwort. Solche Mehrdeutigkeiten lassen sich hingegen mit statistischen Methoden auflösen, sofern diese an großen Mengen von Daten „trainiert" wurden.

## Vom Satzbau zur Semantik

Ein bekanntes Programm zur linguistischen Analyse ist Stanford CoreNLP von Christopher Manning, Computerlinguist an der Stanford University in Kalifornien. Es kommentiert Sätze mit allerlei Informationen, darunter Wortarten und Bezüge innerhalb eines Satzes. Diese „Annotationen" geben auch an, ob ein Eigenname einen Menschen, einen Ort oder eine Organisation bezeichnet und ob ein Satz eine Aussage, Frage oder Bitte darstellt. Inzwischen existieren große Mengen von derart „annotierten" Dokumenten, die nun wiederum als Trainingsmaterial dazu dienen, neue Methoden und Instrumente zu entwickeln.

Eine besonders ergiebige Quelle für authentisches Sprachmaterial sind soziale Netzwerke. Forscher suchen dort unter anderem nach Menschen, die sich zu einer psychischen Erkrankung bekennen, und lassen dann ihre Programme in den Beiträgen typische Sprachmuster aufspüren. 2015 fand so ein Team um Microsoft-Entwicklerin Margaret Mitchell heraus, dass Menschen, die nach eigener Aussage an Schizophrenie erkrankt waren, häufiger über sich selbst sprachen und seltener Ausrufezeichen und Emoticons verwendeten. Diese Beobachtung passt zu zwei verbreiteten Symptomen der Krankheit: einer verstärkten Beschäftigung mit sich selbst und einem flacheren Affekt.

Den emotionalen Gehalt von Texten zu bestimmen, hat sich zu einem eigenen Fachgebiet entwickelt, der Sentiment Analysis (siehe Kasten „Praxisfelder der Sprachtechnologie"). Die meisten kommerziellen Tools beschränken sich allerdings auf einfache positive und negative Kategorien oder wenige ausgewählte Emotionen. Ein Ansatz von Microsoft mit Forschern der Beihang-Universität in Peking kombiniert dazu verschiedene

Satzbausteine. „Der Film ist nicht sehr gut, aber er gefällt mir trotzdem"
erhält einen positiven Gesamtwert, nachdem Negation (nicht), Verstärkung
(sehr) und Kontrast (aber) verrechnet wurden.

## Die großen Praxisfelder der Sprachtechnologie

### Maschinelle Übersetzung

Seit den 1950er Jahren versuchen Computerlinguisten, Regeln für die automatisierte Übersetzung per Hand einzugeben – mit bescheidenem Erfolg. Das
änderte sich in den frühen 1990er Jahren, als Forscher anhand großer Mengen
englischer und französischer Sätze aus dem zweisprachigen kanadischen Parla-
ment ein statistikbasiertes Modell entwickelten. So gelingt es heute immerhin,
den Kern eines Textes wiederzugeben, auch wenn solche Systeme längst nicht
mit menschlichen Übersetzern mithalten. Praktisch anwendbar sind sie nur,
wenn beide zusammenarbeiten: Die Maschine schlägt vor, der Mensch wählt
aus, und die Maschine lernt daraus.

### Maschinelles Lesen

Das Zusammenfassen großer Mengen Text ist vor allem in der Wissenschaft und
speziell in der Medizin nützlich, um die wachsende Menge an Publikationen
ständig aufs Neue zu sichten, zusammenzufassen und auszuwerten. Aktuelle
Systeme wie DeepDive von der Stanford University gleichen selbstständig neue
Texte mit bekannten Fakten einer Wissensdatenbank ab.
    Sprachassistenzsysteme (auch: Dialog-Konversationsagenten).
    Apples Siri, Google Now und Microsoft Cortana zählen dazu: Diese
Programme erkennen Sprache, versuchen das Anliegen des Nutzers herauszufinden, stellen Rückfragen, suchen die nötigen Informationen und melden sie
zurück. Sie helfen nicht nur im Alltag, sondern geben Rat als KI in Assistenz-
robotern oder dienen als Tutoren in Form von Avataren. In eng definierten
Kontexten funktioniert das bereits gut, nicht aber bei jedem beliebigen
Gesprächsthema.

### Sentiment Analysis und Opinion Mining

Das Ziel ist hier, Gefühle, Meinungen und Einstellungen aus Kommentaren
in den sozialen Medien oder auf anderen Portalen herauszulesen und daraus
beispielsweise auf Schwächen von Produkten, auf die Erfolgschancen von
Politikern oder auf künftige Börsenkurse zu schließen. Die meisten Systeme
schätzen allein den Grad positiver oder negativer Bewertung ein. Es gibt jedoch
erste Versuche, aus Texten Basisemotionen abzuleiten: Freude, Trauer, Angst,
Wut, Ekel, Überraschung. Bei komplexeren Ausdrucksformen wie Ironie steht
die Forschung ebenfalls noch am Anfang.

### Social Media Mining

Hingegen gelang es schon vielfach, aus Onlinetexten auf Merkmale des
Schreibers zurückzuschließen, darunter Alter, Geschlecht, Persönlichkeit und
Krankheiten wie Autismus oder Depression. Auch für Fälschungen von Produkt-
bewertungen und Lügen in Onlinedating-Profilen sind verbale Kennzeichen
bekannt.

Den Kontext verarbeiten solche Systeme in der Regel nicht oder nur in begrenztem Maß. Doch der könne über die Bedeutung entscheiden, erläutert Erik Cambria von der Technischen Universität Nanyang in Singapur. „Lesen Sie das Buch!" sei eine gute Bewertung, sofern es sich um eine Buchkritik handelt, nicht aber im Rahmen einer Filmkritik. Cambria empfiehlt deshalb, Gefühle weniger auf Satzbauebene als aus der Bedeutung des gesamten Textes herauszulesen: „Die Systeme der nächsten Generation benötigen eine breitere Basis."

## Die drei Phasen der Computerlinguistik

Cambria verortet das Natural Language Processing in der zweiten von drei sich überlappenden Forschungsphasen. Die erste begann in den 50er Jahren und widmete sich vor allem der Syntax, also der Analyse von Satzelementen. In der zweiten, semantischen Phase geht es nun vor allem darum, Bedeutung zu konstruieren. „Während beim Menschen jedes Wort eine Kaskade ähnlicher Konzepte, Erfahrungen und Gefühle aktiviert", so Cambria, „muss man Computern erst beibringen, Beziehungen herzustellen."

Dabei helfen semantische Netzwerke: Sie stellen Wissen in Knoten und Kanten dar. Das Konzept entstand in den frühen 60er Jahren und wurde in den 80ern von der KI-Legende Marvin Minsky (1927–2016) weiterentwickelt. Die Forschergemeinde versuchte, mittels semantischer Netzwerke eine universelle Datenbank des Weltwissens aufzubauen, darunter das 1985 an der Princeton University veröffentlichte WordNet, eine Art Lexikon der Beziehungen zwischen englischen Wörtern.

In den Folgejahren blieben die erhofften großen Fortschritte jedoch aus. Die Computerlinguistik entwickelte sich nicht in derselben Geschwindigkeit wie andere Technologien. Cambria relativiert auch die jüngsten Erfolge: „Natural Language Processing hat zwar künstliches intelligentes Verhalten hervorgebracht, wie IBMs Watson und Apples Siri. Doch die Programme wissen nicht, was sie tun." Wie ein Papagei, der Wörter nachplappere, aber nicht begreife, wozu ein bezeichneter Gegenstand gut ist. Denn dazu sei praktisches Erfahrungswissen nötig. Cambria erwartet, dass die „pragmatische" dritte Phase des Natural Language Processing ihren Höhepunkt erst Ende des 21. Jahrhunderts erreichen wird.

Zu den Vordenkern zählt Patrick Winston, emeritierter Informatiker vom Massachusetts Institute of Technology (MIT) und Schüler von Marvin Minsky. 2012 schrieb Winston in einem Aufsatz: Wer künstliche Intelligenz entwickeln wolle, solle nicht fragen, ob Maschinen denken können. Viel wichtiger sei: Was unterscheidet das menschliche Denken von dem anderer Primaten? Wie greifen kognitive Fähigkeiten ineinander?

Der ehemalige Leiter des KI-Labors am MIT glaubt, dass unsere Intelligenz der Fähigkeit entspringt, Geschichten zu erzählen und zu verstehen. Winstons „Genesis System" sucht deshalb in Texten nach Zusammenhängen zwischen Episoden oder Handlungen. So habe es erkannt, dass Shakespeares „Macbeth" und der Cyberwar zwischen Russland und Estland beide das Motiv Rache enthalten – obwohl das Wort in den analysierten Zusammenfassungen gar nicht vorkam.

Das Kunststück, indirekte Zusammenhänge aufzuspüren, gelang auch den Computerlinguisten Anette Frank von der Universität Heidelberg und Michael Roth von der University of Edinburgh. Sie arbeiten daran, implizite Beziehungen zwischen zwei Sätzen herzustellen, zum Beispiel: „El Salvador ist das einzige lateinamerikanische Land mit Truppen im Irak. Nicaragua hat seine Truppen letzten Monat zurückgezogen." Die Algorithmen ergänzen den versteckten Bezug: *aus dem Irak* zurückgezogen.

„Ereignisse geschehen nicht zufällig, sondern in einer bestimmten Abfolge", erläutert Nils Reiter vom Institut für Maschinelle Sprachver-arbeitung der Universität Stuttgart. Er zerlegt Geschichten in abgeschlossene Einheiten wie Dialoge oder Rückblenden, aus denen sich übergeordnete Erzählstrukturen zusammensetzen.

Das Konzept dieser „narrativen Schemata" entwickelte Nate Chambers, heute Professor für Informatik an der US-Marineakademie, während er an der Stanford University in Kalifornien promovierte und ein Praktikum in der Forschungsabteilung von Google absolvierte. In seinem Netzwerk-modell repräsentieren Knoten Ereignisse, und sie enthalten mindestens ein Prädikat (zum Beispiel eine Verhaftung) sowie mindestens ein Subjekt (einen Polizisten) oder Objekt (einen Verdächtigen). So genannte Graphen verbinden die Ereignisse und definieren eine typische Reihenfolge: Der Ver-dächtige wird erst verhaftet, dann angeklagt, er plädiert auf schuldig oder unschuldig, wird verurteilt und muss ins Gefängnis.

Schon 2007 veröffentlichte Chambers eine Methode, die das zeitliche Verhältnis zwischen zwei Ereignissen ermittelt: Zunächst sucht er Schlüssel-wörter wie „vor" und „nach" sowie Zeitformen von Verben. Dann berechnet er daraus die zeitliche Beziehung zwischen Ereignissen. Das gelang per Computer sogar besser als von Menschenhand, wie er in einem Experiment mit mehr als 3000 Ereignissen aus Nachrichtentexten zeigte.

Indem das System zählt, wie oft ein Ereignis einem anderen vorausgeht, lernt es schematische Abfolgen. So ging in einer Stichprobe von Texten der „New York Times" das Verb „verhaften" 684-mal dem Verb „verurteilen" voraus; allein in 22 Fällen war es umgekehrt. In einer Sammlung von Zeitungstexten ließ sich eines von drei Ereignissen eindeutig einem typischen Schema, wie dem einer Verhaftung und Verurteilung, zuordnen. Nur 3,5 % passten zu gar keinem Schema; der Rest lag irgendwo dazwischen.

Was müssten Cogs noch leisten, um menschliche Kommunikation in all ihren Facetten zu verstehen? Als „Riesenproblem" bezeichnet DFKI-Chef Wolfgang Wahlster das Lernen anhand weniger Beispiele. Ein Kind könne schon durch einmaliges Beobachten lernen; ein Roboter nicht. Informatiker Chris Biemann sieht das ebenso: „Wir brauchen Algorithmen, die schon aus wenigen Fällen Regeln ableiten können."

Viele Fortschritte rührten außerdem daher, dass Benutzer Rückmeldung geben, etwa einen Link aus vielen auswählen. Helfen würde laut Biemann, wenn sich die Benutzer beim Ausprobieren nicht dächten: Funktioniert das denn? Sondern: Wenn ich es heute benutze, funktioniert es morgen besser.

Allerdings ist nicht jedem wohl dabei, kognitive Systeme noch klüger werden zu lassen, ihnen noch mehr über uns zu verraten. Von vielen Seiten droht Missbrauch, wenn Computer aus unseren Worten mühelos unsere Vorlieben, Meinungen und Einstellungen herauslesen – Unternehmen, Geheimdienste, kriminelle Organisationen. Noch könnte sich davor schützen, wer eine der vielen Hundert Sprachen spricht, die kognitive Systeme nicht verstehen. Denn erfolgreiche Programme sind bislang nur für wenige Sprachen verfügbar.

Doch schon stellen sich Entwickler dieser Herausforderung und versuchen Systeme zu entwickeln, die sich jede Sprache selbst aneignen. Biemanns Team arbeitet an den Grundlagen: einem Programm, das beliebige Sprechproben ohne vorherige Kenntnis von Vokabular oder Grammatik in ihre Bestandteile zerlegen kann. Schon ab rund 1000 Wörtern vermag ein solches System zwei Sprachen zu trennen, ab einer Million sogar Bedeutungen zu erschließen.

Auch mit einer Geheimsprache könnten Menschen dann Sinn und Zweck ihrer Kommunikation nicht mehr verbergen. Ein kognitives System, das aus ein paar Wörtern auf unsere Absichten schließen kann und ständig klüger wird, trainieren die meisten von uns bereits täglich: beim Googeln.

# Quellen

Cambria, E., White, B.: Jumping NLP curves. A review of natural language processing eesearch. IEEE Comput. Intell. Mag. **5**, 48–57 (2014)

Chambers, N., et al.: Dense event ordering with a multi-pass architecture. Trans. Assoc. Comput. Linguist. **2**, 273–284 (2014)

Hirschberg, J., Manning, C.D.: Advances in natural language processing. Science **349**, 261–266 (2015)

# Webtipps

*Videointerview mit Marvin Minsky aus dem Jahr 2015, mit Bildern aus seinem Haus:* https://www.technologyreview.com/s/54303t/marvin-minsky-reflects-on-a-life-in-ai/

*Rick Rashid, Gründer der KI-Forschung von Microsoft, demonstriert einen digitalen Simultandolmetscher:* https://www.youtube.com/watch?v-Nu-nlQqFCKg

*Auf der Wettbewerbsplattform Kaggle posten Unternehmen und Forscher Daten und rufen dazu auf, die besten Modelle zur Datenanalyse zu finden:* www.kaggle.com

# Armut auf der Spur

Lisa Vincenz-Donnelly

*Ein neuronales Netzwerk kann mit Hilfe von Satellitenbildern lernen, wo auf der Welt große Armut herrscht. Solche Angaben könnten damit einmal schneller und treffsicherer erhoben werden.*

Um Armut auf der Welt bekämpfen zu können, bedarf es vor allem Wissen darüber, wo die ärmsten Menschen leben. Es ist jedoch gerade in besonders problematischen und konfliktreichen Regionen oft schwierig, diese Informationen zu sammeln. Eine Forschergruppe um Marshall Burke von der Stanford University hat eine neue Anwendung von künstlicher Intelligenz vorgestellt, mit der sich diese kritische Wissenslücke schließen lässt. Das Team hat ein künstliches neuronales Netzwerk so trainiert, dass es mit Hilfe von Satellitenbildern präzise Einschätzungen zu ökonomischen Verhältnissen in den ärmsten Ländern der Welt machen kann.

Bisher nutzen Wissenschaftler für die Untersuchung wirtschaftlicher Verhältnisse bereits Daten aus sozialen Netzwerken, von Mobiltelefonen sowie Satellitenbilder, die nachts geschossen wurden. Auf diesen Nachtbildern wird gemessen, wie stark beleuchtet ein Gebiet ist, woraus sich schließen lässt, wie viel Elektrizität genutzt wird. Ein Problem daran ist aber, dass sehr arme Regionen oft komplett dunkel erscheinen und man nicht wirklich differenzieren kann, wie arm genau die Menschen dort sind.

L. Vincenz-Donnelly (✉)
Jülich, Deutschland
E-Mail: author@noreply.com

M. Bischoff (Hrsg.), *Künstliche Intelligenz*, https://doi.org/10.1007/978-3-662-62492-0_14

Dies erschwert die Analyse von Gebieten, in denen Menschen an oder unterhalb der Armutsgrenze leben. Um dieses Problem zu lösen, setzt das Team von Marshall Burke mit seiner neuen Methode nun auf Tageslichtbilder, die deutlich mehr Kontrast und somit detailliertere Daten versprechen.

Die Wissenschaftler entwickelten dafür ein Computerprogramm, das Millionen von Satellitenaufnahmen analysiert. Es basiert aber auf einem Bilderkennungssystem, das auf Tageslichtbildern Merkmale – wie zum Beispiel die Materialien von Häuserdächern, die Distanz zu Stadtgebieten oder Wasserläufe – unterscheidet.

Merkmale, die etwas über die Verteilung von Armut aussagen, erkennt das als neuronales Netzwerk konzipierte Programm selbstständig: Die künstliche Intelligenz brachte sich dies in einer Übungsphase selbst bei, in der das Netzwerk mit der Analyse von Regionen, zu denen man bereits viele Informationen hatte, trainiert wurde. Für dieses Training steuerten die Wissenschaftler wirtschaftliche Daten bei; die KI glich diese dann mit Tageslichtbildern ab und lernte zu erkennen, welche Eigenschaften auf den Bildern wirtschaftliche Aktivitäten verraten. Nach der Trainingsphase lieferte das Programm dann auch über Regionen, für die es kaum andere Daten außer den Satellitenbildern gab, zutreffende Vorhersagen. Das funktionierte auch dann, wenn es zuvor mit Daten aus einem anderen Land trainiert wurde.

Die Software ermittelte so schließlich recht präzise Konsumausgaben und Vermögen von Haushalten in fünf afrikanischen Ländern, ohne dass die Wissenschaftler ihm zuvor vorgaben, wonach es genau suchen sollte. Es handelte sich dabei um Durchschnittswerte von Clustern, die ungefähr der Fläche eines Dorfs oder Stadtviertels entsprechen – Angaben von einzelnen Haushalten wurden zum Schutz der Privatsphäre bereits bei der Erhebung der Daten, die für die Trainingsphase genutzt wurden, verschleiert und so für das neuronale Netz nicht erlernbar. Für die größeren lokalen und regionalen Cluster gelang es der KI aber, ökonomische Verhältnisse in Regionen unterhalb der Armutsgrenze in mehr als 80 % der Fälle präziser zu erkennen als die gängige Nachtlichtmethode; in den allerärmsten Regionen sogar in 99 % der Fälle. Da es bereits von der gesamten Erde Satellitenbilder mit relativ hoher Auflösung gibt, ist die Methode kostengünstig und weltweit einsetzbar.

Moritz Piatti, Ökonom der unabhängigen Evaluationsgruppe der Weltbank, schätzt das neuronale Netz als „hoch relevant für die Entwicklungshilfe" ein. Es reiche aber nicht, nur zu wissen, wo die größte Armut herrscht, weil Regierungen trotzdem oft ineffektiv handelten. „Manche verteilen Ressourcen lieber in ihren Wahlkreisen, statt auf die bedürftigsten

Regionen", erklärt Piatti. Ungeachtet dessen seien verbesserte Methoden für die Abschätzung von Armutssituationen nötig. „Handfestere Daten sind extrem nützlich, um mehr Druck auf Regierungen ausüben zu können."

## Quellen

Jean, N. et al.: Combining satellite imagery and machine learning to predict poverty. Science 353 (2016). https://www.science.org/doi/10.1126/science.aaf7894

# Maschinen, die auf Sterne starren

Philipp Hummel

*Ohne die Hilfe künstlicher Intelligenz würde die Astronomie bald im Datenwust versinken. Ein neuer Algorithmus macht Hoffnung: Er hat sich den astronomischen Blick antrainiert.*

Forscher aus Belgien und den USA haben einen Algorithmus veröffentlicht, mit dem sich Galaxien in großem Maßstab automatisch klassifizieren lassen. Er basiert auf maschinellem Lernen, genauer auf künstlichen neuronalen Netzwerken, die sich an biologischen Prozessen orientieren. Solche „Deep-Learning-Netzwerke" haben zuletzt enorme Fortschritte in der Bild-, Gesichts- und Spracherkennung gemacht. Nun sollen sie Form, Größe und Gestalt von Galaxien bestimmen, was Astronomen erlaubt, Rückschlüsse auf die individuelle Entstehung der kosmischen Objekte und die Entwicklung des gesamten Universums zu ziehen.

Mit seinem Ansatz hat Sander Dieleman von der Universität Gent 2014 den Programmierwettbewerb „Galaxy Challenge" gewonnen. Zwar bilden Menschen bislang noch das Maß der Dinge bei der Einordnung der Himmelsobjekte, aber Dielemans Algorithmus stellte eine Genauigkeit unter Beweis, die der von Menschen fast ebenbürtig ist. Grundlage für den Wettbewerb war das Crowdsourcing-Projekt „Galaxy Zoo", für das rund 150 000 freiwillige Helfer online eine Klassifizierung der Galaxien aus dem Sloan Digital Sky Survey (SDSS) erstellten. Ein Fragenkatalog half ihnen bei der

P. Hummel (✉)
Berlin, Deutschland
E-Mail: author@noreply.com

M. Bischoff (Hrsg.), *Künstliche Intelligenz,* https://doi.org/10.1007/978-3-662-62492-0_15

Galaxien-Einordnung. So mussten die Gutachter unter anderem festlegen, ob es sich um eine Spiral- oder eine elliptische Galaxie handelt, wie viele Arme sie hat und ob in ihrer Mitte eine charakteristische Wölbung, der so genannte Bulge, sitzt.

## Galaxien zeigen, was das Universum formte

Um zu verstehen, wie Galaxien entstehen und wie sie sich entwickeln, braucht es zweierlei: zum einen den detaillierten Einblick in einzelne dieser Großobjekte, angefangen bei unserer Milchstraße. Zum anderen muss man möglichst genau wissen, welche Galaxientypen wie oft und wo im All vorkommen. Aus den Antworten auf diese Fragen gewinnen Forscher Hinweise auf die physikalischen Mechanismen, die unserem Universum seine heutige Gestalt gaben. „Wenn man nur die Bäume in einem Kilometer Entfernung um das eigene Haus studiert, entwickelt man ein sehr beschränktes Verständnis vom Gebiet der Botanik und der Vielfalt des pflanzlichen Lebens in unterschiedlichen Klimazonen", sagt Kyle W. Willet. Er ist Astronom an der University of Minnesota und war an der Veröffentlichung von Dielemans Ergebnissen beteiligt. Außerdem hat er zuvor die Galaxy Challenge mitorganisiert.

Das Hubble eXtreme Deep Field: Im »eXtreme Deep Field« zeigen sich Galaxien so, wie sie im jungen Universum, vor 13,2 Mrd. Jahren, leuchteten. Das Bild entstand durch die Kombination von Aufnahmen, die das Weltraumteleskop Hubble innerhalb von zehn Jahren im sichtbaren und infraroten Spektralbereich gewann. Die gesamte Belichtungszeit beträgt rund 23 Tage. Das eXtreme Deep Field ist ein kleiner Ausschnitt im Zentrum des Hubble Ultra Deep Field. Hierbei handelt es sich um eine kleine Region im Sternbild Fornax, die Hubble bereits im Jahr 2004 beobachtet hatte. Die neue Aufnahme blickt noch weiter in das Universum zurück und zeigt rund 5500 Galaxien. © NASA, ESA, G. Illingworth, D. Magee, and P. Oesch (University of California, Santa Cruz), R. Bouwens (Leiden University), and The HUDF09 Team/The Hubble Extreme Deep Field) / cc by 4.0 cc by (Ausschnitt)

Die Astronomie ist keine Laborwissenschaft. Anders als in der Chemie oder der Physik lassen sich astronomische Ereignisse nicht auf der Erde nachstellen und beliebig oft wiederholen. Um dieses Problem zu lösen, versuchen Astronomen, möglichst viele gleichartige Objekte oder Ereignisse im Universum aufzuspüren und zu analysieren.

Dabei helfen die klassifizierten Galaxienkataloge. „Wir konnten so zum Beispiel die Bedeutung des aktiven Schwarzen Lochs im Zentrum von Balkenspiralgalaxien untersuchen", sagt Willett. Es zeigte sich unter anderem, woher das Schwarze Loch seinen Treibstoff bezieht und welche Rolle Eigenschaften wie die Masse der Galaxie bei der Entwicklung von Balken und zentralem Schwarzen Loch spielen. „Die große Menge von Daten zu 20.000 Galaxien, die aus dem Galaxy-Zoo-Projekt stammten, war entscheidend dafür, dass wir die Effekte des Balkens separat betrachten konnten."

Für die zweite Runde von Galaxy Zoo wurden mehr als 300.000 Galaxien aus dem SDSS klassifiziert, jede wurde im Schnitt 50 Freiwilligen vorgelegt. Diese mussten die Galaxien gemäß einem Entscheidungsbaum mit 11 Fragen und insgesamt 37 Antwortmöglichkeiten bewerten. Aus den Antworten der Freiwilligen ergab sich für jede der 37 Möglichkeiten ein Wahrscheinlichkeitswert, denn nicht alle Freiwilligen schätzten jedes der Bilder gleich ein. Am Ende entstand eine gewaltige Datenbank aller Klassifizierungen der menschlichen Beobachter – und damit gleichzeitig eine Art Goldstandard für die Computer bei der Galaxy Challenge.

# Kann es der Computer mit dem Menschen aufnehmen?

Aufgabe der Maschinen war es, möglichst präzise die einzelnen Wahrscheinlichkeiten vorherzusagen. „Wir mussten nicht bestimmen, zu welcher Klasse eine Galaxie gehört, sondern welcher Anteil der Menschen eine Galaxie wie einordnet", schreibt Dieleman in einem Blogbeitrag zu seiner Lösung.

Sein siegreicher Algorithmus bestand aus einer Kombination von verschiedenen Modellen neuronaler Netze und lernte, indem er eine möglichst große Anzahl von Bildern – in diesem Fall von Galaxien – durchforstete. In den aufeinander aufbauenden Schichten seines Netzes bildete er währenddessen immer abstraktere Merkmale dieser Fotografien ab. Um den Fundus an Lernbeispielen maximal auszureizen, manipulierte Dieleman die Bilddaten. Die Aufnahmen wurden beschnitten, verkleinert, verschoben und gespiegelt. Zu guter Letzt nutzte er noch einen Kniff aus der Physik, um seinen Trainingssatz weiter zu vergrößern. Er drehte die Bilder der Galaxien, denn „im Weltall gibt es weder oben noch unten". So konnte er seinen neuronalen Netzwerken die Rotationssymmetrie von Galaxien antrainieren.

Mit jedem neu vorgelegten Beispiel aus den bereitgestellten Trainingsdaten wurden die neuronalen Netze besser. Dielemans erfolgreichstes Einzelmodell besaß sieben Schichten und 42 Mio. Optimierungsparameter. Insgesamt trainierte er 17 verschiedene Modelle, die sich an der Architektur des besten Modells orientierten, sich aber in Details von ihm unterschieden – jedes neuronale Netz besitzt andere Anfälligkeiten für Fehler beim Lernen der Trainingsdaten. Mittelt man aber über mehrere Modelle, so können sich diese antrainierten Fehler bei der Bildanalyse ausgleichen. Anschließend kann man die trainierten Modelle auf noch nicht klassifizierte Bilder ansetzen.

## Je größer die Datenmenge, desto besser der Computer

Zwar wird schon seit etwa zwei Jahrzehnten versucht, die Auswertung von Himmelsdurchmusterungen zu automatisieren. Bislang waren die Ergebnisse aber zu ungenau. Das scheint sich mittlerweile geändert zu haben. Es gibt dafür mehrere Gründe: Noch vor wenigen Jahren waren Methoden wie das Deep Learning schlicht noch unbekannt, außerdem lagen nicht ausreichend Daten vor, an denen diese Netze hätten trainieren können. Erst dank dem

Crowdsourcing-Ansatz von Galaxy Zoo sind diese nun vorhanden. Und schließlich erlauben es erst die schnellen Rechner der Gegenwart, solche Datenmengen überhaupt in akzeptabler Zeit abzuarbeiten.

Im Gegensatz zu crowdgetriebenen Ansätzen wie Galaxy Zoo lässt sich eine algorithmische Mustererkennung stark nach oben skalieren. Das wird die Arbeit an neuen, immer größeren Datensätzen erleichtern oder gar erst ermöglichen. „Die gute Performance von Dielemans neuronalen Netzen zeigt, dass man bei zukünftigen Projekten einen großen Teil der Analyse den Computern überlassen kann", sagt Kevin Schawinski von der ETH Zürich. Er ist einer der Begründer von Galaxy Zoo. An Dielemans Studie war er nicht beteiligt. Bald würden die Datenvolumen so groß, dass es gar nicht genug Menschen gebe, um alles zu analysieren. „Freiwillige werden dann eine andere Rolle übernehmen: Sie werden die Algorithmen trainieren, die Qualität der Arbeit der Computer kontinuierlich überprüfen und dabei hoffentlich auch Unbekanntes entdecken. " Denn Neues können Computer bei Weitem nicht so gut identifizieren wie Menschen, so Schawinski. Bei „Standardgalaxien" hingegen ist der Maschinenblick dem menschlichen weit überlegen – zumindest in der Geschwindigkeit.

Schon in wenigen Jahren könnten wir auf diesen „Cyborg-Ansatz", wie Schawinski die Verbindung der Fähigkeiten von Mensch und Maschine für die Himmelsdurchmusterung nennt, angewiesen sein. Das Large Synoptic Survey Telescope ist ein Spiegelteleskop, das den sichtbaren Himmel in drei Nächten vollständig fotografieren kann. Es soll 2019 in Chile seinen Betrieb aufnehmen und dann etwa zehn Milliarden Galaxienbilder schießen.

# Quellen

Dieleman, S. et al.: Rotation-invariant convolutional neural networks for galaxy morphology prediction. ArXiv: 1503.07077 (2015). https://arxiv.org/abs/1503.07077

Galloway, M. A. et al.: Galaxy Zoo: the effect of bar-driven fueling on the presence of an active galactic nucleus in disc galaxies. ArXiv: 1502.01033 (2015). https://arxiv.org/abs/1502.01033

# Auf der Jagd nach neuen Medikamenten

David H. Freedman

*Seit Jahren steckt die Arzneimittelforschung in der Krise: Es wird immer schwerer, effektive Wirkstoffe zu finden. Viele Pharmakonzerne setzen ihre Hoffnungen deshalb auf künstliche Intelligenz. Aber können die selbstlernenden Algorithmen den Erwartungen standhalten?*

Bevor ein Wirkstoff für den Einsatz beim Menschen zugelassen wird, muss er zahlreiche Tests durchlaufen. Häufig kommt es dabei vor, dass vielversprechende Kandidaten unerwarteterweise doch noch ausscheiden. Einer der Gründe dafür sind die Cytochrome P450 (CYP 450): eine Reihe von Enzymen, die hauptsächlich die Leber produziert. Sie zersetzen verschiedene Chemikalien und verhindern dadurch, dass sich diese im Blutkreislauf zu gefährlichen Mengen aufschaukeln. Wie sich herausstellt, hemmen viele Wirkstoffe die Produktion von CYP 450, was sie für den Menschen toxisch macht.

Pharmafirmen versuchen daher vorab herauszufinden, welche Kandidaten eine solche Nebenwirkung haben könnten. Unter anderem analysieren sie das potenzielle Medikament im Reagenzglas, vergleichen, wie ähnliche, bereits bekannte Wirkstoffe mit CYP 450 reagieren, oder führen Tierversuche durch. Allerdings erweisen sich etwa ein Drittel der so gewonnenen Vorhersagen als falsch. In diesen Fällen zeigen erst Versuche an Menschen,

D. H. Freedman (✉)
Boston, Deutschland
E-Mail: author@noreply.com

dass sich der Wirkstoff nicht eignet – was hohe Geldsummen und jahrelange Arbeit verschwendet.

Wegen solcher und anderer Schwierigkeiten steckt die Medikamentenentwicklung in der Pharmaindustrie seit mindestens zwei Jahrzehnten in einer Krise. Die Unternehmen geben zunehmend Geld aus – die zehn größten investieren inzwischen fast 80 Mrd. Euro jährlich – und bringen dabei immer weniger erfolgreiche Wirkstoffe hervor. Das hat gleich mehrere Gründe. Zum einen ist das Gebiet abgegrast: Die einfachsten Substanzen, mit denen man häufige Krankheiten behandelt, sind bereits gefunden. Die noch ungelösten Probleme sind extrem komplex. Zudem betreffen viele der anvisierten Erkrankungen nur kleine Teile der Bevölkerung, was zu deutlich niedrigeren Einnahmen führt.

Die durchschnittlichen Kosten für die Markteinführung eines Medikaments haben sich zwischen 2003 und 2013 fast verdoppelt und betragen nun rund 2,3 Mrd. Euro, berichtet das unabhängige Tufts Center for the Study of Drug Development. Auch die Dauer von den ersten Labortests bis zur Zulassung hat sich inzwischen auf zwölf Jahre verlängert. Besonders frustrierend ist dabei, dass etwa 90 % der Medikamente erst in späten Phasen, während der Versuche an Menschen, ausscheiden.

Deshalb interessiert sich die Pharmaindustrie zunehmend für neue Technologien wie künstliche Intelligenz. Solche Algorithmen brauchen keinen Experten, der ihnen genaue analytische Techniken einprogrammiert. Stattdessen übergibt man ihnen zahlreiche Eingangsdaten (etwa Moleküle) und die dazugehörigen Ergebnisse (wie sich die Moleküle als Wirkstoff verhalten). Die Software entwickelt dann eigene Ansätze, um zu erklären, wie die Resultate zu Stande kommen.

Die Forscher nutzen dabei hauptsächlich zwei verschiedene Formen künstlicher Intelligenz: maschinelles Lernen und das so genannte Deep Learning. Programme aus der ersten Kategorie benötigen geordnete und beschriftete Datensätze, während Deep-Learning-Algorithmen mit unstrukturierten Daten umgehen können – hierbei brauchen sie aber viel größere Mengen. Man kann einem maschinell lernenden Programm zehntausende Bilder beschrifteter Zellen vorsetzen, wodurch es lernt, die verschiedenen Merkmale einer Zelle zu erkennen. Eine Deep-Learning-Version identifiziert hingegen selbstständig die Eigenschaften unmarkierter Bilder, benötigt aber möglicherweise hunderttausende oder gar Millionen Beispiele.

Viele Wissenschaftler glauben, dass solche Ansätze neue Wirkstoffe hervorbringen und den Prozentsatz zugelassener Medikamente erhöhen werden. Inzwischen haben erste Firmen begonnen, die viel versprechenden modernen Technologien zu nutzen. So haben etwa Forscher des US-amerikanischen Pharmaunternehmens Bristol-Myers Squibb aus New York kürzlich ein maschinelles Lernprogramm entwickelt, das besser vorhersagen soll, welche Arzneimittel die CYP450-Produktion hemmen könnten. Laut Saurabh Saha, dem Senior Vice President für Forschung und Entwicklung des Konzerns, seien die Ergebnisse des Algorithmus um 95 % genauer als herkömmliche Methoden – wodurch sechsmal weniger Medikamente ausfallen würden. „Die KI kann frühzeitig potenziell toxische Wirkstoffe ausschließen, bevor man allzu viel in sie investiert", sagt der Chief Data and Analytics Officer Vipin Gopal vom US-amerikanischen Pharmakonzern Eli Lilly in Indiana.

## Revolution in der medizinischen Forschung oder verfrühte Euphorie?

Die Investitionen in neue Technologien haben sich in den letzten Jahren drastisch erhöht. 2018 konnten neu gegründete Unternehmen, die mit KI-basierten Methoden an Arzneimitteln forschen, bereits über mehr als eine Milliarde Euro verfügen – Tendenz stark steigend. Inzwischen hat jedes große Pharmaunternehmen angekündigt, mit einer solchen Firma zusammenzuarbeiten.

So vielversprechend das auch klingt, einige Experten warnen vor verfrühter Begeisterung. Kaum einer der durch eine KI entdeckten Wirkstoffe ist bisher für Versuche an Menschen vorgesehen – und keiner hat es in die dritte klinische Phase geschafft, den wichtigsten Test für Medikamente. Saha räumt ein, dass sich erst in einigen Jahren zeigen wird, ob sein Unternehmen dank präziser CYP450-Hemmungen wirklich mehr Zulassungen erhält.

Neben künstlicher Intelligenz haben Pharmafirmen auch in andere innovative Methoden investiert. Seit über einem Jahrzehnt entwickeln Forscher immer bessere statistische Modellierungsprogramme, mit denen sie verschiedene biophysikalische Prozesse am Computer simulieren. Zudem gab es große Fortschritte im Bereich der Bioinformatik, in dem es darum geht, biologische Erkenntnisse aus riesigen Datenmengen abzuleiten. Das ermöglicht es Wissenschaftlern, die Eigenschaften von Molekülen immer korrekter vorherzusagen.

Doch all diese Methoden haben einen Nachteil. Sie hängen vom Wissen der Forscher ab, das in der Regel unvollständig ist. Wenn unklar ist, welche Merkmale entscheidend sind, kann man einer Software nicht sagen, wie sie die Daten verarbeiten soll. KI leitet dagegen eigenständig Erkenntnisse ab, wodurch sie erkennt, welche Informationen wichtig sind und wie sie zusammenhängen.

Selbstlernende Algorithmen lassen sich auf mehrere Bereiche der Medikamentenherstellung anwenden. Einige Firmen konzentrieren sich etwa darauf, einen Wirkstoff zu finden, der ein so genanntes Target effektiv ausschaltet. Dabei handelt es sich meist um ein Protein, das mit einer bestimmten Krankheit zusammenhängt. Forscher suchen dann nach einem Molekül, das an das Target bindet und es so verändert, dass es nicht mehr zur Erkrankung oder ihren Symptomen beiträgt. Das kanadische Biotechnologieunternehmen Cyclica in Toronto arbeitet an einer Software, die biochemische Wechselwirkungen von Millionen verschiedener Moleküle mit etwa 150.000 Proteinen abgleicht.

Geeignete Wirkstoffkandidaten müssen aber zusätzliche Hürden überwinden. „Ein Molekül, das mit einem Target reagiert, tut das normalerweise auch mit mehr als 300 weiteren Proteinen", erklärt Naheed Kurji, CEO von Cyclica. „Die anderen 299 Wechselwirkungen könnten sich katastrophal auf den Menschen auswirken." Zudem sollten die Wirkstoffe durch den Darm in den Blutkreislauf gelangen, ohne dass die Leber oder weitere Stoffwechselprozesse sie sofort abbauen. Wenn sie an einem bestimmten Ort wie der Niere wirken, dürfen sie andere Organe nicht stören. Und zuletzt müssen sie den Körper verlassen, bevor sie sich zu einer gefährlichen Dosis anreichern. Die Software von Cyclica berücksichtigt all diese Anforderungen.

Biomediziner gehen davon aus, dass an komplexen Krankheiten wie Krebs Hunderte von Proteinen beteiligt sind. Cyclica möchte deshalb Moleküle finden, die mit dutzenden Targets wechselwirken, zugleich aber alle lebenswichtigen Proteine unberührt lassen. Gegenwärtig speisen die Forscher ihre Programme mit anonymisierten genetischen Daten, um herauszufinden, bei welchen Patienten die potenziellen Medikamente am besten wirken. Kurji geht davon aus, dass der siebenjährige Zeitrahmen, den ein Wirkstoff typischerweise bis zu Tests am Menschen braucht, sich um fünf Jahre verkürzen ließe.

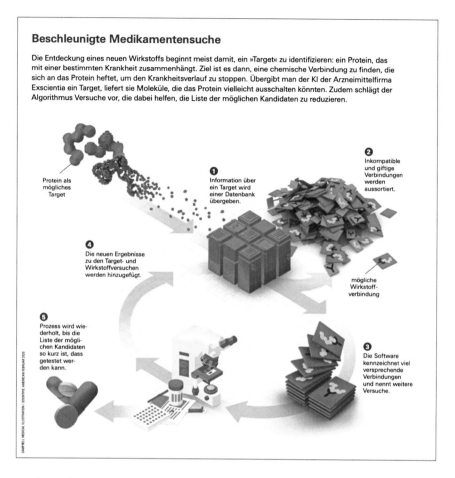

**Beschleunigte Medikamentensuche**

Die Entdeckung eines neuen Wirkstoffs beginnt meist damit, ein »Target« zu identifizieren: ein Protein, das mit einer bestimmten Krankheit zusammenhängt. Ziel ist es dann, eine chemische Verbindung zu finden, die sich an das Protein heftet, um den Krankheitsverlauf zu stoppen. Übergibt man der KI der Arzneimittelfirma Exscientia ein Target, liefert sie Moleküle, die das Protein vielleicht ausschalten könnten. Zudem schlägt der Algorithmus Versuche vor, die dabei helfen, die Liste der möglichen Kandidaten zu reduzieren.

Protein als mögliches Target

❶ Information über ein Target wird einer Datenbank übergeben.

❷ Inkompatible und giftige Verbindungen werden aussortiert.

mögliche Wirkstoffverbindung

❹ Die neuen Ergebnisse zu den Target- und Wirkstoffversuchen werden hinzugefügt.

❸ Die Software kennzeichnet viel versprechende Verbindungen und nennt weitere Versuche.

❺ Prozess wird wiederholt, bis die Liste der möglichen Kandidaten so kurz ist, dass getestet werden kann.

Merck und Bayer haben angekündigt, mit Cyclica zu kollaborieren. Weil solche großen Konzerne ihre Forschung vorerst meist geheim halten, ist noch nicht offiziell bekannt, an welchen Wirkstoffen sie arbeiten. Cyclica hat jedoch schon einige erfolgreiche Ergebnisse veröffentlicht. Unter anderem haben die Wissenschaftler zwei Targets identifiziert, die offenbar mit systemischer Sklerodermie – einer Autoimmunkrankheit der Haut und anderer Organe – und mit dem Ebolavirus zusammenhängen. Erfreulicherweise scheinen bereits zugelassene Medikamente, die bei HIV-Erkrankungen und Depressionen eingesetzt werden, die Proteine anzugreifen. Dadurch könnte man die Wirkstoffe schnell für weitere Anwendungen umwidmen.

Selbst wenn man ein Target gefunden hat, weiß man – wie bei etwa 90 % der Proteine im menschlichen Körper – häufig wenig über dessen Struktur und Eigenschaften. Ohne diese Informationen können die maschinellen Lernprogramme aber nicht herausfinden, wie sich ein Protein medikamentös angreifen lässt. Einige Technologieunternehmen widmen sich deshalb diesem Problem.

Die britische Firma Exscientia hat etwa eine Software entwickelt, um Moleküle aufzuspüren, die sich an ein kaum untersuchtes Targetprotein binden könnten. Das Programm liefert bereits ab zehn Daten über das Protein nützliche Ergebnisse, behauptet der CEO des Unternehmens Andrew Hopkins, seines Zeichens Professor für medizinische Informatik an der University of Dundee in Schottland.

Dabei geht der Algorithmus folgendermaßen vor: In einem ersten Schritt vergleicht er die verfügbaren Informationen mit einer Datenbank, die etwa eine Milliarde verschiedene Wirkungen von Proteinen enthält. Dadurch grenzt das Programm die möglichen Verbindungen ein, die das Target ausschalten könnten. Meist gibt es dann immer noch extrem viele Kandidaten, weshalb die Software zusätzlich angibt, welche weiteren Daten sie benötigt, um die Liste zu verkürzen. Indem die Forscher beispielsweise gezielt Gewebeproben untersuchen, können sie den Algorithmus mit neuen Informationen füttern, worauf dieser nochmals eine Liste generiert und Experimente vorschlägt. Den Prozess wiederholt man so lange, bis man eine überschaubare Anzahl an Wirkstoffkandidaten erhält.

Hopkins zufolge ließe sich so die durchschnittliche Zeit für die Entdeckung eines neuen Medikaments von viereinhalb Jahren auf ein Jahr verkürzen und die Kosten dadurch um 80 % senken. Zudem müsste man nur noch etwa ein Fünftel der bisher benötigten Moleküle synthetisieren, so Hopkins. Exscientia arbeitet aktuell mit dem US-amerikanischen Biotech-Riesen Celgene aus Delaware zusammen, um neue Wirkstoffe für drei Targets zu finden. Eine Kollaboration zwischen Exscientia und dem britischen Pharmaunternehmen GlaxoSmithKline aus London hat bereits zu einer – wie die Unternehmen behaupten – viel versprechenden Verbindung geführt, die chronische obstruktive Lungenerkrankungen behandeln soll.

## Baldige Tests am Menschen

Wie erfolgreich Pharmatechfirmen wie Exscientia tatsächlich sind, lässt sich allerdings noch nicht beurteilen. Weil sie erst seit Kurzem existieren, haben es ihre Wirkstoffkandidaten nicht bis in die späten Phasen medizinischer Studien geschafft – was normalerweise fünf bis acht Jahre erfordert. Hopkins hat jedoch angekündigt, dass ein von Exscientia entwickeltes Medikament bereits 2020 an Menschen getestet werden könnte.

Bevor man jedoch daran arbeitet, ein Target zu bekämpfen, muss man dieses erst identifizieren. Bisherige Ansätze basieren häufig auf einem begrenzten Forschungsbereich, dem sich der entsprechende Wissenschaftler widmet. Das verzerrt die Ergebnisse und schränkt die möglichen Kandidaten ein. Zwar findet man oft Proteine, die mit einer Krankheit zusammenhängen, doch sie erweisen sich häufig nicht als Ursache. Speziell dafür produzierte medikamentöse Behandlungen sind dann wirkungslos.

Das US-amerikanische Biotechnologieunternehmen Berg in Massachusetts hat sich deshalb selbstlernenden Algorithmen zugewandt, die Informationen aus riesigen Datenmengen unterschiedlichster Form ziehen sollen: von Gewebeproben über Organflüssigkeiten bis hin zu Blutproben eines Patienten. Diese stammen dabei sowohl von kranken als auch gesunden Menschen und werden in allen Stadien des Krankheitsverlaufs entnommen. Zudem setzen die Forscher lebende Zellen im Labor verschiedenen Bedingungen aus, etwa indem sie den Sauerstoff- oder Glukosegehalt der Umgebung verändern.

Anschließend übergeben sie ihrem Deep-Learning-Programm all diese Informationen, wodurch es eine Liste von Proteinen erstellt, die eine Krankheit beeinflussen könnten. Hat die Software ein Target gefunden, sucht sie nach Molekülen, die es ausschalten. Durch die vielen Daten lässt sich außerdem vorhersagen, bei welchen Patienten das Target eine Krankheit verursacht. Dadurch können Wissenschaftler die relevanten Merkmale einer Erkrankung bestimmen, etwa den Einfluss gewisser Gene. Künftig könnte man daher schon vor der Einnahme eines Medikaments testen, ob es für einen Patienten wirksam ist.

# Vielversprechendes Krebsmedikament

Mit dieser Methode hat Berg den wohl vielversprechendsten Wirkstoff entwickelt, der bisher aus einem KI-bezogenen Ansatz hervorging: Das Krebsmedikament BPM31510. Kürzlich ging eine Phase-2-Studie für Patienten mit fortgeschrittenem Bauchspeicheldrüsenkrebs zu Ende. Phase-1-Studien sagen meist nur aus, bei welcher Dosis etwas giftig ist. Als die Forscher ihren Wirkstoff dabei aber auf andere Krebsarten anwandten, konnten sie überraschenderweise einige Ergebnisse der Software überprüfen: Das Programm hatte zuvor etwa 20 % der Patienten identifiziert, die wahrscheinlich auf den Wirkstoff ansprechen würden, sowie diejenigen vorhergesagt, die mit Nebenwirkungen rechnen müssten. Als die Forscher den Algorithmus mit

Analysen von Gewebeproben speisten, kam heraus, dass das neue Medikament am wirksamsten gegen aggressive Krebsarten sei. Denn es greife Mechanismen an, die bei diesen Krankheiten eine wichtige Rolle spielen.

Inzwischen arbeitet Berg mit dem britisch-schwedischen Pharmariesen AstraZeneca zusammen, um Targetmoleküle für Parkinson und andere neurologische Erkrankungen zu finden. Zudem kollaboriert die Firma mit dem französischen Pharmakonzern Sanofi Pasteur, um verbesserte Grippeimpfstoffe zu entwickeln. Darüber hinaus forscht Berg mit dem US-Veteranenministerium und der Cleveland Clinic an Targets für Prostatakrebs. Die Software hat dabei diagnostische Tests geliefert, mit denen man eine solche Erkrankung von einer gutartigen Prostatavergrößerung unterscheiden kann, was derzeit meist eine Operation erfordert.

Mittlerweile haben große Pharmakonzerne mindestens 20 Kooperationen mit modernen Technologieunternehmen angekündigt. Pfizer, GlaxoSmithKline und Novartis bauen zudem offenbar hausinterne KI-Abteilungen auf, um ihre Medikamentenentwicklung zu verbessern.

### KI in der Antibiotikaforschung

Auf der Suche nach neuen, effektiven Antibiotika haben sich Forscher unterschiedlicher Fachbereiche zusammengeschlossen, um zu diesem Zweck künstliche Intelligenz einzusetzen. Im Februar 2020 veröffentlichte das Team um den Biologen James Collins und die Computerwissenschaftlerin Regina Barzilay, beide am Massachusetts Institute of Technology, einen damit identifizierten, vielversprechenden Kandidaten, der auf ungeahnte Weise verschiedene antibiotikaresistente Bakterien bekämpft. Dabei war das Präparat bereits bekannt – allerdings als mögliches Diabetesmedikament.

Seit Alexander Fleming erstmals Penizillin aus Pilzen gewann, diente die Natur als Quelle für antibakterielle Wirkstoffe. Es ist jedoch extrem teuer und zeitaufwändig, tausende natürliche Substanzen zu isolieren und zu analysieren. Daher versuchten Forscher zu verstehen, wie Bakterien leben und sich vermehren, und suchten chemische Verbindungen, die diese Prozesse stören, etwa indem sie die Zellwände der Bakterien beschädigen oder ihre Proteinproduktion hemmen.

In den 1980er Jahren entstanden erste computergestützte Screeningmethoden, mit denen Biologen innerhalb kurzer Zeit viele Stoffe testen konnten. Doch auch das führte kaum zu Fortschritten: Gelegentlich stieß man zwar auf Wirkstoffkandidaten, aber diese ähnelten den bekannten Antibiotika meist zu stark, um bereits resistente Keime anzugreifen. Deshalb haben Pharmaunternehmen die Antibiotikaentwicklung weitgehend aufgegeben und widmen sich lukrativeren Medikamenten.

Die neue Arbeit verfolgt einen ganz anderen Ansatz, der auf den ersten Blick absurd erscheint: Man ignoriert, wie eine Substanz genau wirkt. Stattdessen entwickelten die Forscher ein neuronales Netz, dessen Knoten und Verbindungen den Nervenzellen im Gehirn nachempfunden sind. Anders als Computerprogramme, die Sammlungen von Molekülen nach einer bestimmten chemischen Struktur durchsuchen, lernen neuronale Netze, welche Eigenschaften der Stoffe nützlich sein könnten.

Die Forscher trainierten ihr Netzwerk auf Substanzen, die das Wachstum des Bakteriums *Escherichia coli* hemmen. Dazu speisten sie es mit mehr als 2300 bekannten chemischen Verbindungen, die Wissenschaftler in Laborversuchen bezüglich dieser Fähigkeit zuvor als „Treffer" oder „Nichttreffer" klassifiziert hatten. Das zeigte dem Algorithmus, welche Atomanordnungen und Bindungsstrukturen relevant sind. Weil nur etwa 10 % dieser Verbindungen bekannten Antibiotika entsprechen, enthält das neuronale Netz keine Vorurteile darüber, wie die Moleküle funktionieren oder aussehen sollen. Somit lernte es auch Substanzen zu identifizieren, die sich von aktuellen Medikamenten stark unterscheiden und daher bisher nicht auf dem Radar waren.

Das trainierte Netzwerk speisten Collins und seine Kollegen mit Daten aus dem „Drug Repurposing Hub", einer Sammlung von mehr als 6000 Wirkstoffen gegen Krankheiten, die für Versuche am Menschen geprüft werden. Darunter befinden sich auch viele bereits zugelassene Medikamente gegen andere Leiden. Entsprechend „könnte man die Substanzen deutlich schneller klinisch testen", erklärt der Biologe Cäsar de la Fuente von der University of Pennsylvania.

**Neuartiges Antibiotikum mit innovativer Wirkungsweise**
Collins, Barzilay und ihre Kollegen sortierten unter den Ergebnissen jene Verbindungen aus, die bestehenden Antibiotika ähneln, da sie befürchteten, dass diese nichts gegen multiresistente Keime ausrichten. Unter den übrigen Kandidaten stach einer deutlich heraus: der c-Jun N-terminale Kinase-Hemmer SU3327, der aktuell zur Behandlung von Diabetes getestet wird. Die Forscher nannten den Wirkstoff fortan Halicin (als Hommage an HAL, die künstliche Intelligenz aus dem Buch und Film „2001: Odyssee im Weltraum").

Mehrere Laborversuche ergaben, dass Halicin nicht nur das Wachstum von *E. coli* stört, sondern auch andere Bakterien abtötet. Zu ihnen zählen *Mycobacterium tuberculosis* (das Tuberkulose verursacht), *Clostridioides difficile* (ein häufiger Krankenhauskeim; verantwortlich für einige Magen-Darm-Erkrankungen) und viele weitere, oft antibiotikaresistente Bakterien, die zu Sepsis, Lungenentzündung, Wundinfektionen und anderen verbreiteten, schwer zu behandelnden Infektionen führen. Ebenso viel versprechend erscheint, dass Halicin nach einem Monat wiederholter Anwendung keine resistenten *E.-coli*-Mutanten hervorbrachte, während man bei den meisten Antibiotika bereits nach wenigen Tagen Hinweise auf Resistenzen findet.

Nachdem die Forscher die antibakteriellen Möglichkeiten von Halicin erkannt hatten, führten sie mehrere Experimente zur näheren Erforschung des Wirkstoffs durch. Wie sich herausstellte, stört Halicin die Bewegung der Protonen und das elektrochemische Potenzial der Bakterienmembranen. Reaktionen, die von diesen Protonengradienten abhängen, sind entscheidend für den Stoffwechsel und die Mobilität der Mikrobenzellen – aber Biomediziner hatten sie bisher nicht als Angriffspunkt gesehen.

Nach ihrem Erfolg ließen die Forscher das neuronale Netz auf eine noch größere Datenbank mit mehr als 107 Mio. chemischen Verbindungen los. Der Algorithmus konnte alle Moleküle in nur vier Tagen klassifizieren und identifizierte dabei 23 Kandidaten für weitere Tests.

Collins und sein Team arbeiten nun daran, das Netzwerk genauer auf bestimmte Krankheitserreger abzustimmen. Das könnte zu zielgerichteteren Antibiotika führen, die das körpereigene Mikrobiom schonen.
Katherine Harmon Courage

**Literatur**

Stokes, J. M. et al.: A deep learning approach to anti-biotic discovery. Cell 180, 2020.
*Von „Spektrum der Wissenschaft" übersetzte und bearbeitete Fassung des Artikels „Machine Learning Takes On Antibiotic Resistance" aus „Quanta Magazine", einem inhaltlich unabhängigen Magazin der Simons Foundation, die sich die Verbreitung von Forschungsergebnissen aus Mathematik und den Naturwissenschaften zum Ziel gesetzt hat.*

Viele Forschungsleiter dieser Unternehmen berichten begeistert über ihre Ergebnisse. Dennoch geben sie zu, dass die neuen Methoden noch nicht sicher erprobt sind. In den kommenden Jahren wird sich zeigen, ob künstliche Intelligenz die Branche wirklich effizienter macht, sagt Sara Kenkare-Mitra, Senior Vice President of Development Sciences bei der Roche-Tochter Genentech.

Saha betont, dass die Rate zugelassener, KI-entwickelter Medikamente in der nächsten Zeit wahrscheinlich noch niedrig bleiben wird. Sie könnte jedoch drastisch steigen, sofern man die Zulassungsverfahren auf die neuen Systeme anpassen würde. „Wenn die Regulierungsbehörden den gleichen Wert in der KI sehen wie wir, könnte man in einigen Fällen die Tierversuche überspringen und direkt zu Menschen übergehen, sobald man gezeigt hat, dass die Medikamente nicht toxisch sind", sagt Saha. Solche Szenarien seien aber noch viele Jahre entfernt, räumt er ein.

Der ganze Hype könnte sogar schädlich sein, erklärt Narain von Berg. „Nüchtern betrachtet handelt es sich nur um Werkzeuge, die zwar helfen können – jedoch keine Lösungen liefern", sagt er. Kurji von Cyclica verurteilt Firmen, die seiner Meinung nach übertriebene Äußerungen aufstellen, etwa die, dass sie viele Jahre der Entwicklung auf wenige Wochen drücken und enorme Geldsummen einsparen könnten. „Das ist einfach nicht wahr", sagt er. „Und es ist unverantwortlich, so etwas zu behaupten."

Dennoch glaubt Kurji, dass KI-basierte Methoden die Pharmaindustrie stark verändern werden. Das Hauptaugenmerk liege darauf, hochwertige Informationen für die selbstlernenden Algorithmen zu erhalten. „Wir verlassen uns auf drei Dinge: Daten, Daten und noch mehr Daten", sagt Kurji. Diese Ansicht teilt Enoch Huang, Vizepräsident für medizinische Wissenschaften bei Pfizer, dem zufolge ein guter Algorithmus nicht der wichtigste Faktor ist.

Forscher führen inzwischen gezielte Experimente durch, um für die KI relevante Informationen zu generieren. „Es gibt nicht immer genügend klinische Daten für das maschinelle Lernen", sagt Kenkare-Mitra. „Aber wir können sie oft in vitro erzeugen und dann in das System einspeisen."

Das könnte zu einem neuen Kreislauf in der Arzneimittelentwicklung führen: Computer schlagen Forschern Experimente vor, mit denen diese die Datensätze erweitern, um Letztere danach wiederum den Algorithmen zu übergeben. „Es ist gar nicht so sehr die KI, an die wir glauben", sagt Kenkare-Mitra, „sondern das Zusammenspiel zwischen Mensch und KI." Selbstlernende Algorithmen werden die konventionelle Forschung nicht ersetzen, so Saha. Es sei immer noch Aufgabe des Menschen, biologische Erkenntnisse abzuleiten, Forschungsrichtungen festzulegen, Ergebnisse zu interpretieren und die benötigten Daten zu produzieren. Computer unterstützen uns dabei bloß.

## Quellen

DiMasi, J. A. et al.: Innovation in the pharmaceutical industry: New estimates of R&D costs. J. Health Econ. **47** (2016)

Kundranda, M. N. et al.: Phase II trial of BPM31510-IV plus gemcitabine in advanced pancreatic ductal adenocarcinomas (PDAC). J. Clin. Oncol. **38** (2020)

Zhu, H.: Big data and artificial intelligence modeling for drug discovery. Ann. Rev. Pharmacol. Toxicol. **60** (2020)

# DeepMind will Problem der Proteinfaltung gelöst haben

Eva Wolfangel

*Welche Struktur hat ein Protein? An dieser Frage beißen sich Biologen seit Jahrzehnten die Zähne aus. Nun hat eine künstliche Intelligenz sensationell gute Resultate erzielt.*

„Das ist die erste Anwendung künstlicher Intelligenz, die ein ernsthaftes Problem gelöst hat", sagt John Moult, Biologe an der University of Maryland, über den jüngsten Erfolg der KI-Firma DeepMind aus dem Jahr 2020. Es ist ein Satz, mit dem man sich im Lager der KI-Vertreter eher keine Freunde macht. Dort hat die künstliche Intelligenz ihre Nützlichkeit natürlich auch vorher schon mehrfach unter Beweis gestellt. Doch Recht hat er in mindestens einem Punkt: Speziell die Firma DeepMind war bislang für ihren spielerischen Zugang zur Materie bekannt. Sie entwickelte beispielsweise ein System, das den weltbesten Go-Spieler schlug. Und danach eines, das sich als bei Weitem bester Schachspieler der Welt entpuppte. Nun jedoch könnte DeepMind ein neues Image bekommen: als diejenige Firma, der es gelang, ein Problem zu lösen, an dem sich die Biochemie und Bioinformatik seit 50 Jahren die Zähne ausbeißen.

Es geht dabei um einen zentralen Vorgang allen Lebens auf der Erde. Wenn Zellen Proteine herstellen, reihen sie Aminosäure an Aminosäure, wobei eine lange Kette entsteht, die sich währenddessen von ganz allein zu einem festen Knäuel faltet. Dessen Gestalt ist einzigartig für jedes Protein

E. Wolfangel (✉)
Stuttgart, Deutschland
E-Mail: author@noreply.com

M. Bischoff (Hrsg.), *Künstliche Intelligenz,* https://doi.org/10.1007/978-3-662-62492-0_17

**127**

und entscheidend dafür, wie es sich in der Zelle verhält, welche Funktion es übernimmt oder – im Falle von Krankheiten – wo es Unheil anrichtet.

Die Frage, die Forscherinnen und Forscher seit Langem umtreibt, ist die folgende: Kann man allein anhand der Abfolge von Aminosäuren vorhersagen, wie die finale Gestalt eines Proteins aussehen wird? Das ist der Kern des Proteinfaltungsproblems, das DeepMind jetzt kurzerhand für gelöst erklärt hat.Die in London ansässige KI-Firma, die wie Google zur Holding Alphabet gehört, ist dabei keineswegs die einzige, die sich um eine Lösung bemüht. Um all die Ansätze vergleichen zu können, hat Moult bereits Anfang der 1990er Jahre einen Wettbewerb ins Leben gerufen. Seit 1994 bekommen nun alle zwei Jahre die am CASP (Critical Assessment of Protein Structure Prediction) teilnehmenden Teams jeweils 100 Aminosäuresequenzen vorgelegt, aus denen sie dann die dreidimensionale Struktur der Proteine vorhersagen sollen. Nun vermelden die Organisatoren des Wettbewerbs einen Durchbruch: Das Programm AlphaFold, das von DeepMind auf der Basis von Deep Learning entwickelt wurde, habe bei 70 der im Wettbewerb zu lösenden 100 Proteinsequenzen die dreidimensionale Struktur so präzise vorhergesagt, wie es bislang nur durch experimentelle Strukturbestimmung möglich war. Ein Meilenstein sei das, sagt Moult in einem digitalen Pressegespräch des britischen Science Media Center.

## Die Struktur von Proteinen ist nur schwer zu ermitteln

Der weltweite Kampf gegen das Coronavirus macht deutlich, wie wichtig es wäre, schnell und zuverlässig aus einer bekannten Aminosäuresequenz auf die Struktur des entsprechenden Proteins schließen zu können. Sars-CoV-2 verfügt beispielsweise über ein spezielles Spikeprotein auf seiner Oberfläche. Dessen dreidimensionale Struktur ist Teil der „Erfolgsgeschichte" von Covid-19. Und wer diese konkreten Strukturen kennt und damit ihre Funktionsweise versteht, kann Gegenmaßnahmen entwickeln.

Bislang sind Experten dazu auf experimentelle Verfahren wie die Kristallstrukturanalyse mit Röntgenstrahlen, Cryo-Elektronen-Tomografie oder multidimensionale NMR-Spektroskopie angewiesen. Aufwändig, teuer und langsam ist das.

Doch am Computer ließ sich das Problem nicht lösen. Zwar haben sich über die Jahre die Ergebnisse der Teams beim Wettbewerb CASP langsam verbessert, aber sie waren stets weit entfernt von der Genauigkeit eines experimentellen Ergebnisses. In der 14. Auflage nun, CASP14, soll der entscheidende Durchbruch erzielt worden sein – und das von einem Unternehmen, das erst vor wenigen Jahren auf das Thema aufgesprungen war und sich bisher vor allem Spielen gewidmet hat.

Und so scheint es in der Tat, als würde ein gewisser Minderwertigkeitskomplex von Googles DeepMind abfallen: Im vom britischen Science Media Center organisierten Hintergrundgespräch zum Erfolg verweisen sowohl John Jumper, Senior Researcher bei DeepMind, als auch DeepMind-Gründer und -CEO Demis Hassabis darauf, dass ihre Erfolge nun realer Wissenschaft zugutekommen. „Wir beginnen einen Einfluss auf die experimentelle Biologie zu haben", sagt Jumper sichtlich bewegt. „Es gab sechs Fälle, bei denen selbst die CASP-Organisatoren noch nicht die Struktur dieser Proteine aus Experimenten kannten, und unsere Modelle haben ihnen geholfen, diese Antwort zu finden." Das sei durchaus persönlich befriedigend.

Davon berichtet auch Andrei Lupas, Direktor des Max-Planck-Instituts für Entwicklungsbiologie in Tübingen gegenüber dem deutschen Science Media Center: Sein Team habe einige der Proteine für den Wettbewerb eingereicht, darunter eines, für das das Team zwar erste experimentelle Daten hatte, „die Struktur aber seit einem Jahrzehnt nicht hatte lösen können. Mit der Vorhersage von AlphaFold als Suchmodell konnten wir die Struktur in einer halben Stunde lösen."

## Raus aus der „Spieleecke"

Auch DeepMind-CEO Hassabis ist es sichtlich wichtig, nun aus der „Spieleecke" herauszukommen. Die Beschäftigung mit Schach und Go sei lediglich ein Zwischenschritt gewesen auf dem Weg zu den Problemen der „realen Welt". „AlphaFold ist der erste Beweis dieser These", sagt Hassabis im digitalen Presse-Briefing.

Beim Go hatten die DeepMind-Experten – zumindest laut ihrer eigenen, nicht unumstrittenen Deutung – Erfolg, weil es ihnen gelang, die menschliche Intuition nachzubilden. Dagegen wirkt das Proteinfaltungsproblem nicht wie eines, bei dem Bauchgefühl in welcher Form auch immer weiterhilft. Doch das Gegenteil sei der Fall, erklärt Hassabis. Beim Computerspiel „Foldit", bei dem man Proteine zu ihrer korrekten 3-D-Struktur falten muss, will er beobachtet haben, wie gute Spieler mit der Zeit eine Intuition entwickelten, die ihnen bei der Lösung geholfen habe. „Sie hatten gelernt, Muster in der Struktur der gefalteten Proteine zu finden", erklärt Hassabis.

Muster suchen – das ist eine Aufgabe, für die die KI geradezu prädestiniert ist. 2016, im Jahr des Go-Erfolgs, begann sein Team, sich mit der Proteinfaltung zu beschäftigen. DeepMind trainierte ein System des maschinellen Lernens mit Sequenzen und dreidimensionalen Strukturen von 100 000 bekannten Proteinen. Das Problem habe sich bald als harte Nuss erwiesen, berichtet Jumper. Vor zwei Jahren, bei CASP13, hatte DeepMind zwar auch schon zu den führenden Teams gehört, aber die Resultate waren weit weg von der biologischen Realität. Diesmal habe sich das Team mit Biologen, Physikern und Informatikern in einem interdisziplinären Team zusammengetan – und das zeigt schon, dass es bei künstlicher Intelligenz um mehr geht, als Daten in einen Topf zu werfen und das System völlig frei nach Mustern suchen zu lassen.

Der Wettbewerb nutzt den so genannten „Global Distance Test" (GDT), eine Metrik, die die Ähnlichkeit zweier Proteinstrukturen misst – etwa einer vorhergesagten (modellierten) und einer experimentell ermittelten. Die Metrik reicht von 0 bis 100. Das neue AlphaFold-System erreichte einen Medianwert von insgesamt 92,4 GDT über alle 100 Strukturen hinweg. Der durchschnittliche Fehler des Systems beträgt etwa 1,6 Angström – zirka die Breite eines Atoms. Laut Moult gilt ein Wert von rund 90 GDT informell als konkurrenzfähig mit den klassischen Labormethoden.

## Proteinkomplexe bereiten nach wie vor Probleme

Das DeepMind-System basiert unter anderem auf einem aufmerksamkeitsbasierten Ansatz: Aufmerksamkeit oder Attention beschreibt im Deep Learning grob gesagt einen ähnlichen Mechanismus wie im menschlichen Gehirn: Wir sind in der Lage, aus einer Fülle an Informationen in kurzer Zeit jene zu wählen, die für eine aktuelle Entscheidung besonders relevant sind, und Unwichtiges nicht zu beachten. Ähnlich hat es die DeepMind-Software laut Jumper auch getan: „Wir haben wahnsinnig viele Informationen, wenn es um die Proteinfaltung geht, Physik, Geometrie, der Einfluss von Aminosäuren untereinander." Der Weg zur Lösung sei vergleichbar mit dem Zusammensetzen eines Puzzles: „Es entstehen lokale Inseln, an denen Zusammenhänge klar sind, und am Ende füllst du die Lücken."

CASP-Gründer Moult bestätigt, dass solche Proteine, in denen AlphaFold weiter entfernt von der experimentellen Lösung geblieben sei, unter anderem jene seien, in denen benachbarte Moleküle die Form der Faltung beeinflusst hätten. „Wenn Proteine Komplexe bilden, gibt es beinahe mehr Interaktion zwischen den Untereinheiten als im Protein selbst, das eine dieser Untereinheiten bildet." Diese sind dann natürlich von einem System des maschinellen Lernens, das die Umgebung nicht kennt, kaum vorherzusagen. „Das ist ein Problem der Methode." Dennoch ist Deep Learning wohl das Mittel der Zukunft, um die Proteinfaltung zu entschlüsseln: Schon diesmal haben mehr als die Hälfte aller einreichenden Teams Deep Learning genutzt.

Expertinnen und Experten zeigen sich von den Ergebnissen beeindruckt, allen voran Janet Thornton vom European Bioinformatics Institute (EMBL-EBI), die seit 50 Jahren im Bereich des Proteinfaltungsproblems forscht, „also seit es existiert", sagt sie. Der CASP-Wettbewerb biete einen ziemlich guten Test, um die Qualität der vom Computer erzeugten Vorhersagen zu überprüfen. „Ich dachte nicht, dass dieses Problem zu meinen Lebzeiten noch gelöst wird", gesteht die Pionierin der strukturellen Bioinformatik, doch jetzt schöpft sie Hoffnung: „Das ist ein riesiger Fortschritt."

Der Erfolg von DeepMind sei der Start in eine Zukunft, in der „wir besser verstehen, wie wir Menschen funktionieren und wie wir Krankheiten begegnen können". Schließlich sei zwar das menschliche Genom entschlüsselt, doch um wirklich zu verstehen, was in unserem Körper vorgeht, „müssen wir das menschliche Proteom kennen" – also die dreidimensionalen Strukturen sämtlicher Proteine im menschlichen Körper. Im Falle von Sars-CoV-2 beispielsweise seien bereits 530 Strukturen in der Proteindatenbank gesammelt, „aber von zehn gibt es noch keine dreidimensionale Struktur" – obwohl sie helfen könnten, das Virus besser zu verstehen.

## Bei zwei Millionen Sequenzen soll AlphaFold nach der Struktur suchen

Auch für das Design von Medikamenten sei das Wissen um die dreidimensionale Struktur wichtig, genau wie für die Entwicklung „grüner Enzyme", die beispielsweise Plastik abbauen könnten. Ebenfalls für das Verständnis neurodegenerativer Erkrankungen, bei denen sich Proteine oft nicht so falten, wie sie sollten, sei der Erfolg viel versprechend. Und nicht zuletzt für das Verständnis von Tropenkrankheiten oder seltenen

Erkrankungen, an denen noch nicht viel geforscht wurde, weil der klassische Weg, um die Struktur von Proteinen zu entschlüsseln, zu aufwändig ist. „Ihre Ergebnisse zeigen die Macht des maschinellen Lernens", sagt sie an Jumper gewandt, den leitenden DeepMind-Forscher im aktuellen Projekt, „das ist ein ideales Problem für maschinelles Lernen".

Das gibt CEO Hassabis die Vorlage für ein vollmundiges Versprechen: „Es sind bereits zwei Millionen Sequenzen bekannt, in ein paar Wochen werden wir das menschliche Proteom entschlüsselt haben." Wie realistisch das ist, wird sich noch zeigen müssen.

Bevor sie die Leistung von DeepMind bewerten wollen, wünschen sich andere unabhängige Forscherinnen und Forscher allerdings einen genaueren Einblick. Auch wenn Fachleute durchweg beeindruckt sind von den Ergebnissen, betonen sie, dass erst eine wissenschaftliche Veröffentlichung der Ergebnisse es ermögliche, diese einzuschätzen. DeepMind verspricht eine solche Veröffentlichung im Nachgang zum Wettbewerb. „Da würde ich mich über zeitnahe Informationen sehr freuen.", sagt beispielsweise Alexander Schug, Leiter der Forschungsgruppe „Multiscale Biomolecular Simulation" am Karlsruher Institut für Technologie, dem SMC. Auch Rohdaten und der Quellcode des Programms sollten publik gemacht werden. „Dies hat bei der 2018 präsentierten Vorläufervariante von AlphaFold leider etwa 1,5 Jahre gedauert, bis die Veröffentlichung erschienen ist."

## Liegen manche Ergebnisse komplett daneben?

Schug betont zudem, dass die Grenzen des Deep Learnings in der Bioinformatik schwer einzuschätzen seien. So leidet maschinelles Lernen unter dem Problem der Interpretierbarkeit. Neuronale Netze erzielen zwar immer wieder erstaunlich gute Ergebnisse, aber manchmal liegen sie auch komplett daneben. Kennt man das Ergebnis nicht im Vorhinein oder kann seine Qualität auf andere Weise einschätzen, ist das schwer zu überprüfen. „Dort haben einfachere Modelle, die sich direkt interpretieren lassen, deutliche Vorteile", sagt Schug. DeepMind-Forscher Jumper gibt ebenfalls zu, vor Bekanntgabe der Wettbewerbsresultate nervös gewesen zu sein: Erst mit der Nachricht der Organisatoren konnten sie wirklich sicher sein, dass ihr Ansatz funktioniert hatte.

Zudem benötigt Deep Learning erhebliche Datenmengen als Lernmaterial, was eine Lösung für all jene Fälle erschwert, die seltener vorkommen. Beispielsweise die Frage, wie sich Proteinstrukturen verändern, wenn sich bestimmte Umgebungsbedingungen (zum Beispiel der pH-

Wert, die Temperatur oder die Salzkonzentration) ändern, betont Gunnar Schröder, Leiter der Forschungsgruppe Computational Structural Biology am Forschungszentrum Jülich gegenüber dem SMC: „Da solche Informationen nur vereinzelt verfügbar sind und nicht systematisch in Datenbanken hinterlegt sind, ist es für Deep-Learning-Methoden nicht möglich, diese Strukturveränderungen vorherzusagen. Dafür benötigen wir weiterhin Modelle, die auf einer physikbasierten Beschreibung der atomaren Strukturen basieren."

Nicht zuletzt sei die gesellschaftliche Perspektive relevant, sagt KIT-Forscher Schug: „Wollen wir als Gesellschaft, dass große internationale Technologieunternehmen Forschung zu KI so wesentlich vorantreiben, oder wollen wir in der öffentlichen Forschung an Universitäten und Forschungs-einrichtungen unabhängige Kompetenz in der Schlüsseltechnologie KI halten?" Auch wenn die Frage rhetorisch gemeint sein sollte: In diesem Fall hat eines der großen Technologieunternehmen die öffentliche Forschung überholt – und es war nicht einmal knapp. Jenseits der Marketingver-sprechen von DeepMind scheint die unabhängige Forschung hier einigen Aufholbedarf zu haben.

# Quellen

Jumper, J., Evans, R. et al.: High accuracy protein structure prediction using deep learning. Fourteenth Critical Assessment of Techniques for Protein Structure Prediction (2020)

# Mysteriöse Materialien

Michael Groß

*Es gibt unendlich viele unerforschte Möglichkeiten, Atome miteinander zu kombinieren. Doch welche Verbindungen könnten in der Realität hilfreich sein? Forscher nutzen inzwischen künstliche Intelligenz, um riesige Datenbanken nach aussichtsreichen Kristallstrukturen zu durchforsten und die Eigenschaften neuer Materialien vorherzusagen.*

Die Welt der Chemie ist grenzenlos. Allein aus den Elementen Kohlenstoff und Wasserstoff lassen sich unendlich viele verschiedene Moleküle bilden. Doch auch bei scheinbar einfacher konstruierten anorganischen Stoffen können sich die Elemente in unterschiedlichen Mengenverhältnissen verbinden, so dass vielseitige chemische Strukturen entstehen. Ein Beispiel dafür ist Wasserstoffperoxid ($H_2O_2$), das aus denselben Bausteinen besteht wie Wasser ($H_2O$), aber völlig andere Eigenschaften besitzt.

Welche der vielen Verbindungen sind stabil und bringen nützliche Eigenschaften mit sich? Die Beantwortung dieser Frage ist meist mit sehr großem Aufwand verbunden. Bei anorganischen Stoffen, die aus lediglich zwei Elementen bestehen, führt oft noch einfaches Ausprobieren zum Ziel. Chemiker können die möglichen Kombinationen mit quantenmechanischen Modellen theoretisch untersuchen oder im Labor experimentell erproben. Ab drei Elementen wird es allerdings unübersichtlich. Von der grenzenlosen Vielfalt an Materialien, die sich aus der

M. Groß (✉)
Berlin, Deutschland
E-Mail: author@noreply.com

© Der/die Autor(en), exklusiv lizenziert durch Springer-Verlag GmbH, DE, ein Teil von Springer Nature 2022
M. Bischoff (Hrsg.), *Künstliche Intelligenz*, https://doi.org/10.1007/978-3-662-62492-0_18

Verbindung von drei oder mehr Mitgliedern des Periodensystems ergeben, haben Chemiker bisher nur einen verschwindend kleinen Teil synthetisiert.

## Neuronale Netze auf der Suche nach nützlichen Verbindungen

Forscher suchen schon lange nach neuen Methoden, die vorhersagen, in welchen Ecken des ChemieUniversums sich weitere stabile und womöglich nützliche Moleküle finden könnten. Inzwischen hat die Wissenschaft ein neues Mittel zur Hand: Mit Hilfe künstlicher Intelligenz durchforsten Chemiker innerhalb kürzester Zeit enorm große Datenbanken und identifizieren vielversprechende Verbindungen, die sie anschließend im Labor genauer untersuchen.

Hinter künstlicher Intelligenz verbirgt sich aber nicht bloß ein bestimmter Algorithmus. Es gibt hier eine Vielzahl an Programmen, die auf unterschiedliche Weise lernen. Dazu zählen unter anderem so genannte KernelMethoden, Entscheidungsbäume, bayessche Algorithmen, NächsteNachbarKlassifikationen oder künstliche neuronale Netze. Zu dieser letzten Art von künstlicher Intelligenz gehört das Programm „AlphaZero" von DeepMind, das zwischen Oktober 2015 und Mai 2017 die weltbesten Spieler des japanischen Brettspiels Go besiegte.

Ein neuronales Netz besteht aus verschiedenen Ebenen künstlicher Neurone, deren Verbindungen untereinander von der Aufgabe des Programms abhängen. Insgesamt ist die Methode dem Aufbau des menschlichen Gehirns nachempfunden. Ein solcher Algorithmus lernt, indem er eine große Menge an Beispieldaten analysiert. Während des Prozesses entwickeln sich neue Verbindungen zwischen den Neuronen und ändern ihre Stärke. So kann das Programm verborgene Muster und Regeln in vorgegebenen Daten erkennen und Wissenschaftlern dabei helfen, diese besser zu verstehen.

Ein solches Netzwerk verwendeten auch die Chemiker Kevin Ryan, Jeff Lengyel und Michael Shatruk von der Florida State University in Tallahassee. Sie trainierten ihr Programm mit über 30.000 bekannten Kristallstrukturen anorganischer Verbindungen. Dabei übergaben sie dem Algorithmus keinerlei chemische Informationen, etwa über die Art der Atombindung oder die Form der Orbitale. Das neuronale Netz lernte ausschließlich aus der geometrischen Anordnung der Atome, wie sich Elemente in Kristallen miteinander verbinden. Dabei betrachtete das Programm ein Atom innerhalb einer Kristallstruktur aus zwölf verschiedenen Blickwinkeln. Das ist, als ob das Teilchen inmitten eines Ikosaeders stecken würde, an dessen Ecken Kameras stationiert sind.

Normalerweise lernt künstliche Intelligenz aus einer enorm großen Menge an Beispielen und Gegenbeispielen. Im Fall von Festkörpern gibt es riesige Datenbanken mit über 50.000 Typen an Kristallstrukturen. Allerdings fehlen die Gegenbeispiele mit unmöglichen Verbindungen. Daher konnten die Chemiker ihrem Programm nur die bereits bekannten Strukturtypen vorsetzen. Das Netzwerk beurteilte daraufhin anhand der über 30.000 stabilen Beispiele, wie wahrscheinlich es ist, dass ein bestimmtes Element einen jeweiligen Gitterplatz belegt.

## Ein Algorithmus enthüllt chemische Eigenschaften

Als Ryan und sein Team ihr Programm auf diese Weise trainierten, erkannte es rasch Muster in den Daten. Unter anderem stellte es fest, dass sich Elemente aus der gleichen Gruppe des Periodensystems ähneln – und das, obwohl das neuronale Netz keinerlei Ahnung von chemischen Gesetzmäßigkeiten hatte. Mit diesen selbst erarbeiteten Regeln konnten die Forscher das Netzwerk nun nutzen, um zu prüfen, welche zufällig zusammengewürfelten Festkörper tatsächlich existieren könnten. Dazu speisten sie das Programm sowohl mit noch unbekannten Verbindungen als auch zwecks Kontrolle mit weiteren bereits experimentell bestätigten Kristallstrukturen, die sie dem Algorithmus beim Training vorenthalten hatten. In immerhin 30 % der Fälle führte das Netzwerk die bekannten Strukturen unter den zehn wahrscheinlichsten Verbindungen auf.

Insgesamt sagt diese Methode also nicht vollkommen verlässlich voraus, welche neuen Stoffe stabil sind. Dennoch kann das Programm aus der astronomischen Zahl aller möglichen Verbindungen eine Liste von Kandidaten erstellen, welche die Forscher dann im Labor prüfen können. Der von Ryan und seinen Kollegen entwickelte Algorithmus läuft auf gewöhnlichen Computern, man braucht dafür keine besonderen Hochleistungsrechner. Wer neue Materialien sucht, übergibt dem Programm einfach die in Frage kommenden Elemente und erhält innerhalb von Sekunden eine Tabelle mit Vorschlägen.

Andere Arbeitsgruppen haben mit ähnlichen Methoden bereits gezielt neue Verbindungen einer gewünschten Form aufgespürt. Anton Oliynyk von der University of Alberta in Edmonton und seine Kollegen suchten 2016 nach so genannten Heusler-Legierungen. Dabei handelt es sich um Verbindungen aus drei Metallen A, B und C, die sich zu $AB_2C$ zusammensetzen und ungewöhnliche Eigenschaften besitzen. Häufig handelt es sich bei A um ein großes, elektropositives Metallatom, bei B um ein Übergangsmetall, und C stellt meist ein Halbmetall aus der dritten bis fünften Gruppe des Periodensystems dar. Die Verbindungen sind nach Friedrich Heusler (1866–1947) benannt, der 1903 entdeckte, dass $Cu_2MnAl$ ferromagnetisch ist, obwohl keines der zu Grunde liegenden Elemente dieses Merkmal aufweist. Inzwischen sind Heusler-Verbindungen wegen ihrer bemerkenswerten elektronischen Charakteristika als justierbare Halbleiter begehrt, die zu neuartigen und insbesondere nachhaltigen Energietechnologien führen könnten.

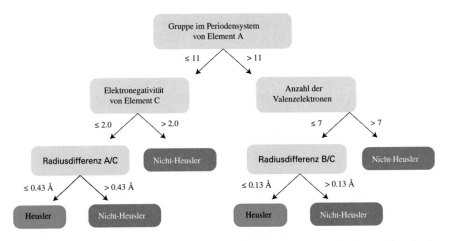

Beispiel für einen Entscheidungsbaum innerhalb eines Waldes, der beurteilt, ob eine Kristallstruktur $AB_2C$ eine Heusler-Verbindung sein könnte

Anders als ihre Kollegen aus Florida entwickelte das Team um Oliynyk ein Computerprogramm, das aus Entscheidungsbäumen besteht: einen so genannten Wald. Jeder einzelne Baum bewertet, ob eine vorgegebene Legierung eine Heusler-Verbindung ist oder nicht. Die endgültige Ausgabe des Programms richtet sich dann nach der Mehrheit der Bäume. Die Wissenschaftler trainierten zunächst einen Wald mit experimentell bestätigten Heusler-Legierungen. Dabei übergaben sie dem Programm auch chemische Details, wie den Radius eines Elements oder seine Anzahl an Valenzelektronen. Jeder Baum erhielt einen Teil der gesamten Daten und berücksichtigte dabei ausgewählte chemische Eigenschaften, um zu beurteilen, ob ein Kristall eine Heusler-Legierung ist (siehe Abbildung). Dieser Trainingsschritt dauerte insgesamt weniger als eine Minute.

Anschließend untersuchten die Forscher mit dem Programm über 400.000 Heusler-Kandidaten. Nach bloß 45 min beendete der Algorithmus seine Berechnungen. Unter allen möglichen Verbindungen identifizierte er zwölf bislang noch unbekannte potenzielle Heusler-Legierungen, deren drittes Element Gallium ist. Im Labor haben die Chemiker um Oliynyk zwei der vorhergesagten Strukturen getestet und bestätigt, dass es sich dabei tatsächlich um Heusler-Legierungen handelt.

## Daten durchforsten mit Entscheidungsbäumen

Zwei Jahre später hat Fleur Legrain von LITEN (Laboratoire d'Innovation pour les Technologies des Energies nouvelles et les Nanomatériaux) in Grenoble mit ihren Kollegen die Studie von Oliynyk und seinem Team ergänzt. Die französische Forscherin arbeitete mit ihrer Gruppe an nahen Verwandten der Heusler-Legierungen. Die so genannten Halb-Heusler-Verbindungen bestehen ebenfalls aus drei metallischen Elementen A, B und C, die sich zur Strukturformel ABC zusammensetzen. Um bisher unbekannte Halb-Heusler-Legierungen zu finden, nutzten die Forscher um Legrain einen ähnlichen Algorithmus wie Oliynyk und seine Kollegen, der genauso auf Entscheidungsbäumen basiert. Mit diesem Programm durchforsteten sie eine Datenbank mit mehr als 70.000 hypothetischen ABC-Verbindungen. Dabei gelang es ihnen, 481 aussichtsreiche Kandidaten zu enthüllen, deren Eigenschaften Wissenschaftler im Labor noch bestätigen müssen.

Das boomende Gebiet der künstlichen Intelligenz hält Einzug in die Chemie und erweist sich dabei als überaus nützlich. Allerdings können diese Methoden lediglich neue Materialien finden, die genauso aufgebaut sind wie bereits bekannte Stoffe. Völlig neues Terrain, also dass etwa ein Element eine bisher unbekannte Art von Bindung eingeht, ist auf diesem Weg nicht zu entdecken. Hier ist weiterhin die Kreativität und Intuition der Menschen gefragt.

## Quellen

Butler, K.T., et al.: Machine learning for molecular and materials science. Nature **559**, 547–555 (2018)

Legrain, F., et al.: Materials screening for the discovery of new half-heuslers: Machine learning versus ab initio methods. J. Phys. Chem. B **122**, 625–632 (2018)

Oliynyk, A.O., et al.: High-throughput machine-learning-driven synthesis of full-heusler compounds. Chem. Mater. **28**, 7324–7331 (2016)

Ryan, K., et al.: Crystal structure prediction via deep learning. J. Am. Chem. Soc. **140**, 10158–10168 (2018)

# KI sucht nach neuer Physik

Philipp Hummel

*Maschinelles Lernen hat bereits bei der Entdeckung des Higgs einen wesentlichen Beitrag geleistet. Teilchenphysiker setzen Verfahren aus diesem Bereich schon seit Jahrzehnten ein. Doch nun erwarten Experten durch lernende Software eine Revolution bei der Datenanalyse.*

Als im Juli 2012 am Europäischen Kernforschungszentrum CERN endlich der Nachweis des Higgs-Teilchens bekannt gegeben werden konnte, schien der Triumph für das Standardmodell der Elementarteilchen komplett. 1964 war das Teilchen in das Modell eingeführt worden, um das Verhalten der Materie auf subatomarer Ebene besser erklären zu können. Sein zugehöriges Higgs-Feld verleiht demnach den anderen Elementarteilchen ihre Masse. Der Teilchenbeschleuniger LHC, in dem pro Sekunde Milliarden Protonen zur Kollision gebracht und die dabei neu entstehenden Teilchen untersucht werden, hatte mit dem Nachweis eine große Hoffnung der beteiligten Forscher erfüllt.

Das Standardmodell der Elementarteilchen ist nicht erst seit dieser Entdeckung einer der wichtigsten Erfolge der theoretischen Physik. Aber es kann nicht alle Fragen beantworten. So fehlt darin eine Beschreibung der Gravitation. Außerdem kann es nicht zu einer Erhellung des Ursprungs und des Wesens der Dunklen Materie beitragen. Genauso wenig kann es erklären, wie es zum ungleichen Verhältnis von Antimaterie und Materie

P. Hummel (✉)
Berlin, Deutschland
E-Mail: author@noreply.com

© Der/die Autor(en), exklusiv lizenziert durch Springer-Verlag GmbH, DE, ein Teil von Springer Nature 2022
M. Bischoff (Hrsg.), *Künstliche Intelligenz,* https://doi.org/10.1007/978-3-662-62492-0_19

im Universum kommt. Und auch zu Masse und weiteren Eigenschaften von Neutrinos fehlen in diesem Modell Informationen.

Diverse Kandidaten konkurrieren darum, das Standardmodell zu erweitern, unter anderem Modelle, die mit so genannten Supersymmetrien oder Stringtheorien arbeiten. Um die Grenzen des Standardmodells zu vermessen und neue Hypothesen zu testen, werden Teilchenbeschleuniger wie der LHC in ihrer Leistungsfähigkeit weiter ausgebaut. Dabei entstehen immer größere und komplexere Datensätze.

## Lernende Maschinen werden kreativ

Doch schon heute stoßen die Physiker bei der Analyse der Teilchen-kollisionen an Grenzen. Alle entstehenden Daten zu sichern, um sie anschließend zu analysieren, ist unmöglich. Stattdessen kommen Filter zum Einsatz, die in Bruchteilen einer Sekunde entscheiden, welche Messungen zu speichern sich überhaupt lohnt. Um die riesigen Datenmengen zu bewältigen, setzen die Teilchenphysiker auch „künstliche Intelligenz" ein. Unter dieses Schlagwort fallen unter anderem Verfahren des maschinellen Lernens (englisch: *machine learning*). Diese sind in der Lage, große Mengen komplexer Daten extrem schnell automatisch nach bestimmten Mustern zu durchforsten.

„Im Unterschied zu traditionellen Computeralgorithmen, die wir für eine spezifische Analyse entwickeln, entwerfen wir ›Machine Learning‹-Algorithmen so, dass sie selbst herausfinden, wie man verschiedene Analysen durchführt, was uns potenziell unzählige Stunden an Design- und Analyseaufwand spart", erklärt der Teilchenphysiker Alexander Radovic vom College of William & Mary im US-Bundesstaat Virginia im *Symmetry Magazine*. Eine Gruppe von Forschern um Radovic hat aktuelle Anwendungen und Zukunftsperspektiven des maschinellen Lernens in der Hochenergie- und Teilchenphysik in einem kürzlich in *Nature* veröffentlichten Papier zusammengefasst.

Ein einfaches Beispiel für maschinelles Lernen ist Software, die durch eine große Menge an Trainingsdaten aus Katzenfotos lernt, welche Merkmale eine Katze ausmachen und wie sich Fotos von Katzen am sichersten unter anderen Fotos identifizieren lassen. Statt für die Suche nach Katzen in Fotos verwenden die Teilchenphysiker diese Verfahren, um Higgs-Bosonen, Quarks, Neutrinos und Hinweise auf bisher unbekannte Teilchen in den Messdaten zu entdecken. Sie werden außerdem eingesetzt, um die Qualität der Detektoren zu prüfen, Daten effizienter zu speichern oder Experimente zu simulieren.

„Im Grunde wird maschinelles Lernen schon seit 30 Jahren in der Teilchenphysik benutzt", sagt Markus Klute vom Massachusetts Institute of Technology (MIT). „Das wurde nur früher nicht so genannt." Der Deutsche ist am CMS, einem der vier großen Detektoren des LHC, für die Computersysteme zuständig. Er war auch am Nachweis des Higgs-Bosons beteiligt. „Man hätte das Higgs zwar auch ohne die Hilfe von maschinellem Lernen gefunden", sagt Klute. „Es hätte aber etwas länger gedauert."

Wenn in der 27 km langen, runden Röhre des LHC die nahezu auf Lichtgeschwindigkeit beschleunigten Protonen in einem der vier Detektoren aufeinanderprallen, wird die in den Teilchen gespeicherte Energie auf äußerst wenig Raum und in extrem kurzer Zeit in neue Partikel umgewandelt. Ein Teil von ihnen trifft auf dem Weg nach außen auf die Detektoren, die die Röhre umschließen. Dann beginnt die Fährtenleserei. Aus der Kombination der Signale, die die im Zwiebelschalenprinzip gebauten Detektoren aufgezeichnet haben, gilt es, die Ereignisse der Kollisionen zu rekonstruieren.

Wegen der zu Grunde liegenden quantenmechanischen Vorgänge haben es die Forscher dabei mit Prozessen zu tun, für die mehrere Variablen gleichzeitig statistisch untersucht werden müssen. Wichtige Variablen können etwa der Impuls und die Energie von Teilchen senkrecht zur Strahlrichtung, ihre elektrische Ladung sowie die Lage und Form der Spuren sein, welche die Teilchen im Detektor hinterlassen. Dabei kommen so genannte multivariate Analysen zum Einsatz. Teilchenphysiker verwenden traditionell beispielsweise so genannte Cuts, Filter, die alle Signale verwerfen, die für bestimmte Variablen und deren Kombination die vorgegebenen Werte über- oder unterschreiten.

## Nachweis des Higgs-Bosons

Im Juli 2012 war es endlich so weit. Am Large Hadron Collider (LHC) fand man, wonach man seit den 1960er Jahren gesucht hatte: das Higgs-Boson. Die Sehnsucht der Forschergemeinde nach diesem Teilchen speist sich aus der Hoffnung, damit ein physikalisches Modell zu komplettieren, das alle bekannten Elementarteilchen und deren Wechselwirkungen beschreibt. Hätten sie das vorhergesagte Higgs-Boson nicht ausfindig machen können, wäre womöglich ihr gesamtes Theoriegebäude – das sogenannte Standardmodell der Teilchenphysik – ins Wanken geraten.

Sieht man von Raumfahrtmissionen ab, handelt es sich wohl um das aufwändigste Experiment, das die Menschheit bislang konzipiert hat. Am LHC in Genf werden in kilometerlangen unterirdischen Anlagen winzige Teilchen auf enorme Geschwindigkeiten beschleunigt, um sie dann zerschellen zu lassen. In den Trümmern fahndeten Tausende Wissenschaftler nach den Grundbausteinen unserer Materie.

Die Entdeckung des Higgs-Teilchens hat zwar Probleme gelöst, aber gleichzeitig weitere Fragen aufgeworfen. Beispielsweise ist das Teilchen leichter als erwartet. Ein bisher nicht entdecktes Partnerteilchen könnte dafür verantwortlich sein. Es bleiben also genügend Rätsel, die in zukünftigen, noch leistungsfähigeren Teilchenbeschleunigeranlagen erforscht werden können.

## Schon vor dem Speichern werden Daten aussortiert

Jedes Detektorsegment wird auf interessante Signale geprüft, die Ergebnisse laufen in einer globalen Entscheidungseinheit zusammen. Die Gesamtheit dieses Ereignisfilters bezeichnet man als *„hardware trigger"*. Dieser bestimmt, welche Daten zunächst behalten und welche verworfen werden. Er ist damit die erste Stufe bei der Datenreduktion am LHC. Anschließend wandern die Rohdaten der als interessant eingestuften Ereignisse zu einer Serverfarm, wo die Details der Messungen zu einem Gesamtbild des Ereignisses zusammengefügt werden. Dabei findet eine Kaskade von Analysen statt, während der weitere Daten ausgesiebt werden. Dieser Prozess nennt sich *„software trigger"*.

Dieses gesamte Geschehen läuft in „Pseudo"-Echtzeit ab, von der Kollision bis zur Entscheidung „Behalten/Verwerfen" vergehen nur einige Hundert Millisekunden. Von den Milliarden Protonenkollisionen pro Sekunde bleiben ein paar Hundert pro Sekunde übrig, die dauerhaft gespeichert und von den Forschern genauer unter die Lupe genommen werden. Beim LHCb, einem Detektor, der Aufschluss darüber geben könnte, warum es im Universum so viel mehr Materie als Antimaterie gibt, treffen Verfahren des maschinellen Lernens mindestens 70 % dieser Auswahlentscheidungen, sagt Mike Williams vom MIT, der am LHCb forscht, gegenüber dem *Symmetry Magazine*. Er war ebenfalls an dem aktuellen „Nature"-Papier beteiligt.

Zu den seit Langem am LHC verwendeten Machine-Learning-Verfahren gehören so genannte Boosted Decision Trees (BDTs), Entscheidungsbäume, die mit Trainingsdaten gefüttert lernen, wie sich die vielen möglichen Ereignisse rund um die Protonenkollisionen eindeutig unterscheiden und bestimmten Prozessen zuordnen lassen. Beim Nachweis des Higgs am

CMS-Detektor halfen BDTs einen Prozess genauer zu analysieren, bei dem ein Higgs zu zwei Photonen zerfällt. Durch den Einsatz von maschinellem Lernen stieg die Empfindlichkeit der Analyse so stark, als wären 50 % mehr Daten erfasst und untersucht worden.

## KI ist gut darin, Daten zu klassifizieren

Schon lange spielen außerdem „flache" künstliche neuronale Netze bei den Datenanalysen in der Teilchenphysik eine Rolle. Diese Software-strukturen bestehen aus Schichten miteinander vernetzter künstlicher Neuronen. Sie sind in gewisser Weise mit den Strukturen vergleichbar, die auch im menschlichen Gehirn fürs Lernen verantwortlich sind. Die künstlichen neuronalen Netze „erlernen" aus Trainingsdaten eine abstrakte mathematische Funktion, die dann unbekannte Daten sehr schnell und mit hoher Sicherheit klassifizieren kann.

Das Training basiert auf großen Mengen „gelabelter" Daten, also von Menschen annotierter Daten, die aus Simulationen des Standardmodells der Elementarteilchen oder anderen theoretischen Konzepten stammen, auch solchen mit „neuer Physik". „Gelabelt" nennt man in diesem Zusammenhang Daten, für die man die physikalischen Details ihrer Entstehung kennt. Wenn man in Simulationen bestimmte Experimente im Computer nachstellt, gibt man diese Details vor und kennt sie so automatisch. Es gibt aber auch hybride Trainingsdatensätze, die aus echten Messungen beispielsweise für das Rauschen des Untergrunds und simulierten Daten zusammengesetzt werden, oder Trainingsdaten, die komplett aus Messungen stammen.

In den letzten Jahren haben im maschinellen Lernen Anwendungen von „Deep Learning" zu großen Fortschritten geführt, beispielsweise in Bereichen wie Gesichts-, Sprach- und Objekterkennung. „Deep Learning" basiert auf so genannten tiefen künstlichen neuronalen Netzen. Wo flache Netze nur eine oder höchstens wenige Schichten von Neuronen verbinden, können es bei tiefen Netzen Tausende Schichten sein. Dadurch erweitert sich deren Leistungsfähigkeit enorm. „Noch um das Jahr 2012 gab es in jedem Meeting zu dem Thema Diskussionen um die Akzeptanz dieser Methoden", sagt Markus Klute. „Heute hat die Community kapiert, dass das die Zukunft ist." Klute glaubt, dass bei der Datenanalyse in der Teilchenphysik durch Deep Learning eine „langsame" Revolution im Gange ist.

# Tiefe neuronale Netze finden Teilchen besser als klassische Verfahren

Während bei den bisherigen KI-Verfahren in der Teilchenphysik viele Vorgaben noch von menschlichen Experten quasi von Hand eingebracht werden mussten, suchen sich Deep-Learning-Verfahren weitgehend eigenständig die passenden Eigenschaften für die Analyse der Daten zusammen. So ist die Gefahr geringer, dass wichtige Informationen übersehen werden. 2014 konnten Forscher der University of California in Irvine einen Durchbruch erzielen. Sie konnten zeigen, dass diese Verfahren BDTs und flachen künstlichen neuronalen Netzwerken bei der Suche nach unbekannten Teilchen überlegen sind. Dazu verwendeten sie in zwei Experimenten simulierte Daten zu exotischen Higgs-Teilchen und supersymmetrischen Teilchen. Deep Learning ist gerade bei den künftigen, noch größeren Datenmengen potenziell viel schneller als die älteren KI-Methoden, bei denen sich eine gewisse Sättigung in der Leistungsfähigkeit eingestellt hat. Die Verfahren lassen sich auf Grund ihrer informatischen Struktur wesentlich einfacher parallelisiert auf Hochleistungsrechnern ausführen, die ihre Geschwindigkeit aus der Verwendung unzähliger Grafikprozessoren ziehen.

Auch Sascha Caron von der Radboud-Universität im niederländischen Nimwegen spricht von einer „Zeitenwende" in der Teilchenphysik durch Deep Learning. Der Deutsche forscht unter anderem am LHC-Detektor ATLAS. Gerade beim Aufstöbern von Besonderheiten in den Messdaten könne die Methode große Fortschritte bringen. „Bei der Suche nach neuer Physik werden datengetriebene Ansätze eine zentrale Rolle spielen", sagt Caron. Bei Konzepten wie der Supersymmetrie sei nicht klar, wie die gesuchten Teilchen eigentlich aussehen. So genannte unüberwachte Lernverfahren könnten sogar helfen, statistische Auffälligkeiten zu finden, nach denen gar nicht gezielt gesucht wurde. „Die Art, wie wir Teilchenphysik betreiben, wird sich durch maschinelles Lernen grundlegend verändern", sagt Caron, der auch außerhalb von Beschleunigern in astronomischen Messdaten nach interessanten Partikeln sucht.

Die Fortschritte im Bereich Deep Learning werden durch die kommerziellen Anwendungen der Technologieriesen und die Datenexplosion, die sie in den letzten zwei Jahrzehnten ausgelöst haben, angetrieben. So verwendet das Neutrino-Experiment NOvA am Fermilab in den USA ein neuronales Netzwerk, das von der Architektur des Bilderkennungsalgorithmus Google-Net inspiriert ist. „Wir konnten unser Experiment damit auf eine Art und Weise verbessern, die sonst nur durch die Erhebung von 30 % mehr Daten erreicht werden könnte", sagt Alexander Radovic, der an NOvA forscht.

Überhaupt lassen sich viele Probleme in der Teilchenphysik mit Deep-Learning-Verfahren zur Bilderkennung angehen. Ein Bereich, in dem dieser Ansatz sehr nützlich sein könnte, ist die Analyse von so genannten Jets, die am LHC in großer Zahl produziert werden. Jets sind dünne Strahlen von Partikeln, deren einzelne Spuren eine große Herausforderung bei der Trennung darstellen. Die automatische Bilderkennung kann helfen, Merkmale in solchen Jets geschickter zu identifizieren.

## Deep Learning braucht Deep Thinking

Und auch bei der Erzeugung der in der Teilchenphysik so wichtigen simulierten Datensätze können tiefe neuronale Netze in Form so genannter *generative adversarial networks* (GANs) einen enormen Fortschritt bringen. Bei einem GAN stehen zwei neuronale Netze miteinander im Wettstreit. Das eine, der Generator, erzeugt simulierte Daten für ein bestimmtes Szenario, während das zweite, der Widersacher, prüft, wie gut die simulierten Daten solchen aus Messungen ähneln. Lassen sich die simulierten Daten von den gemessenen unterscheiden, wird der Generator bestraft und passt sein Konzept neu an. Auf diese Weise schwingen sich derartige Systeme zu immer besseren Leistungen auf.

Im Moment vermischen sich „Data Science" und Teilchenphysik immer stärker. Sascha Caron war Anfang 2018 an der Gründung von „Dark Machines" beteiligt, einer Gruppe von mehr als 100 Physikern und Datenexperten, die sich besonders für die Geheimnisse der Dunklen Materie interessieren und eine virtuelle Kooperationsplattform bilden. Und Markus Klute hat jetzt seinen ersten Master-Studenten, der aus der Informatik kommt und nicht aus der Physik. Doch diese Vermischung birgt auch ein Risiko: „Zu Deep Learning gehört auch ›Deep Thinking‹", sagt Klute. „Man muss wissen, was man tut. Es ist sehr wichtig, dass junge Studenten auch in Zukunft verstehen, dass echte Physik hinter den Daten steckt!"

## Quellen

Radovic, A. et al.: Machine learning at the energy and intensity frontiers of particle physics. Nature 560 (2018)

Baldi, P. et al.: Searching for exotic particle in high-energy physics with deep learning. Nature communications 5 (2014)

# Teil IV Grenzen und Gefahren

# Wie gefährlich ist künstliche Intelligenz?

Andreas Burkert

*Im Jahr 2030 entlasten selbstfahrende Autos den Verkehr und Roboter helfen im Haushalt. Das besagt die Studie „Artificial Intelligence and Life in 2030". Mögliche Gefahren für die Menschheit sehen die Autoren derzeit nicht.*

„Die Entwicklung einer künstlichen Superintelligenz wird eines der wichtigsten Ereignisse der menschlichen Geschichte sein. So bedeutend wie die Entstehung des Menschen selbst", erzählt der Physiker und Philosoph Nick Bostrom in einer Reportage des WDR. Bostrom arbeitet an der Universität von Oxford an der Frage, wie ein Supercomputer das Leben auf der Erde verändern könnte. „Immerhin ist die Intelligenz in der Evolution ein wichtiger Faktor". Und die hat sich im Laufe der Zeit erst entwickelt.

So ist „die menschliche Intelligenz nicht vom Himmel gefallen und hängt von Vorgaben und Einschränkungen ab", schreibt etwa der Physik-Professor Klaus Mainzer in „Was ist KI?". Für ihn ist „der menschliche Organismus ein Produkt der Evolution, die voller molekular und neuronal codierter Algorithmen steckt. Sie haben sich über Jahrmillionen entwickelt und sind nur mehr oder weniger effizient". Mainzer ist sich sicher, dass einzelne Fähigkeiten KI und Technik längst überholt oder anders gelöst haben. „Man denke an die Schnelligkeit der Datenverarbeitung oder Speicherkapazitäten". Mehr aber noch nicht.

A. Burkert (✉)
Garching, Deutschland
E-Mail: author@noreply.com

M. Bischoff (Hrsg.), *Künstliche Intelligenz*, https://doi.org/10.1007/978-3-662-62492-0_20

# Intelligenz einer Ameise

Ein Blick in die Forschung zeigt, dass Systeme heute marginal mit der Intelligenz einer Ameise aufwarten. Für einfachste Tätigkeiten möge dies genügen, für das Treffen bedeutender Entscheidungen nicht. Noch nicht. Dabei gab sich der Pionier der künstlichen Intelligenz, Herbert Simon, bereits 1965 euphorisch. In 20 Jahren, so schrieb er, sind Maschinen in der Lage, all das zu können, was ein Mensch kann. Experten halten es allerdings für möglich, dass bereits in den kommenden 20 Jahren die künstliche Intelligenz viele Bereiche der Gesellschaft prägen und nachhaltig verändern werden.

Wie groß ist dann aber die Gefahr, von intelligenten Systemen manipuliert, wenn nicht sogar versklavt zu werden? Führende Wissenschaftler, die einer Einladung der Stanford Universität gefolgt sind, um dort an einer groß angelegten KI-Studie zu arbeiten, kommen zu dem Schluss: Es besteht derzeit keine Gefahr. Noch beschränken sich die KI-Anwendungen vor allem auf selbstfahrende Automobile oder aber fliegende Paket-Drohnen. Und von einer künstlichen Sprachverarbeitung, die nicht nur wortwörtliche Sprache beherrscht, sondern auch Absichten und Doppeldeutigkeiten erkennen kann, geht auch keine Gefahr aus.

# Eine 100 Jahre andauernde Studie

Um dennoch die möglichen Folgen frühzeitig zu erkennen, vor allem aber rechtzeitig Richtlinien für eine möglichst ethische Entwicklung solcher intelligenten Systeme zu erarbeiten, wurde von der Standford Universität eine Reihe von Studien zu AI *(Artificial Intelligence)* ins Leben gerufen, die über 100 Jahre geplant ist. In einem ersten Teil der so genannten AI100-Studie, der den Titel „Artificial Intelligence and Life in 2030" trägt, haben die Wissenschaftler mögliche Einflüsse von künstlicher Intelligenz auf das Leben in einer durchschnittlichen nordamerikanischen Kleinstadt im Jahre 2030 untersucht.

Sie wollten wissen, was dort passiert, wenn beispielsweise selbstfahrende Autos den Verkehr bestimmen oder aber die Paketzustellung per Drohne die Einkaufsgewohnheiten ändern. Unbestritten hat dies erhebliche gesellschaftliche und ethische Auswirkungen. Steigende Arbeitslosigkeit und neue Formen der Überwachung und Data Mining gehören mit hoher Wahrscheinlichkeit dazu. Dennoch erwartet Peter Stone, Computer-Wissenschaftler an der Universität von Texas in Austin und Mitglied des 17-köpfigen internationalen Experten-Gremiums, dass „ausgewählte KI-Anwendungen die Wirtschaft ankurbeln und das Leben erleichtern werden".

# Das fünfte Gebot im KI-Krieg

Yvonne Hofstetter, Wolfgang Koch und
Friedrich Graf von Westphalen

*In den Kriegen der Zukunft dürften Maschinen entscheiden, welche Menschen sie töten.
Unsere Zivilgesellschaft will die Entwicklung aufhalten. Kann sie es überhaupt?*

Krieg ist die Fortsetzung der Politik mit anderen Mitteln, erklärte der
Militärtheoretiker Carl von Clausewitz schon 1812: ein Akt militärischer
Gewalt, „um den Gegner zur Erfüllung unseres Willens zu zwingen", wo
politische Überzeugungskraft nicht mehr wirkt. Krieg ist der Ausnahme-
zustand, wo kein Frieden herrscht. Oder, kurz und düster mit dem Militär-
historiker Martin van Creveld: „War is killing".

Deshalb ist Krieg von der Völkergemeinschaft offiziell geächtet – und war
das auch bereits nach 1928 durch den Briand-Kellogg-Pakt. Diese frühe
Erklärung blieb, wie wir heute wissen, folgenlos. Nach dem Zweiten Welt-
krieg machten die Vereinten Nationen dennoch rasch einen neuen Anlauf.
Seitdem gilt das Gewaltverbot; für den Fall interstaatlicher Konflikte hat

Y. Hofstetter (✉)
Freising, Deutschland
E-Mail: author@noreply.com

W. Koch
Bonn-Wachtberg, Deutschland
E-Mail: author@noreply.com

F. G. von Westphalen
Köln, Deutschland
E-Mail: author@noreply.com

M. Bischoff (Hrsg.), *Künstliche Intelligenz*, https://doi.org/10.1007/978-3-662-62492-0_21

**155**

allein der UN-Sicherheitsrat das Machtmonopol inne. Allein die Verteidigung gegen einen bewaffneten Angriff rechtfertigt den Einsatz militärischer Gewalt: Angriffskriege sind nie erlaubt, Verteidigungskriege schon, sofern sie den Forderungen des Völkerrechts entsprechen und nur mit erlaubten Mitteln geführt werden.

Wer auf die letzten Jahre zurückblickt, dem kommen allerdings Zweifel an der Durchsetzungsfähigkeit solcher Vereinbarungen. Lässt sich Krieg einfach wegregulieren? Es stellt sich zudem die Frage, ob das Regelwerk nicht ohnehin obsolet ist: Ausdrücklich nicht erfasst sind etwa Kriegsakte gegen nichtstaatliche Akteure wie Terroristen – und auch nicht innerstaatlich geführte Kriege mit dennoch internationaler, grenzüberschreitender Bedeutung wie der Syrienkrieg. Wie könnten kriegerische Auseinandersetzungen von der Weltgemeinschaft gestoppt oder eingehegt werden? Wo soll überhaupt eine Grenze liegen, die wir nie überschritten sehen möchten?

Die Diskussion dieser Fragen ist nicht akademisch, sondern wird intensiv und unter dem Druck bitterer Realität geführt: auf Abrüstungsforen, UN-Panels und im Koalitionsvertrag der Bundesregierung, unter Völkerrechtlern, Militärs, Sicherheitsforschern – und Technologen wie KI-Forschern. Von Letzteren wird erwartet, dass sie auch an neuer Kriegstechnologie arbeiten.

So lassen die Mutation der Kriege und der technische Fortschritt nach den heute schon bei der Flugabwehr verbreiteten „autonomen Waffensystemen" (AWS) nun die „letalen autonomen Waffensysteme" (LAWS) heranreifen. „War is killing" – auch wenn es eine Maschine ist, die entscheidet, ob ein Mensch getötet werden soll. Dafür und im Dilemma globaler Sicherheitsrisiken und staatlicher Schutzpflicht für Demokratie und Menschenrechte fordern KI-Forscher Regeln und Standards.

## Waffen mit Urteilsvermögen

Diese Entwicklung war abzusehen, denn es gab noch nie eine neue Waffentechnologie, die im Ernstfall weniger statt mehr Menschenleben gefordert hätte als in den Kriegen früherer Generationen. In Zukunft, so spekuliert die NATO-Denkfabrik GLOBSEC, werden „Hyperkriege" ausgefochten: Kämpfe, in denen künstliche Intelligenz schlachtentscheidend ist; automatische oder autonome Systeme mit der Fähigkeit eigener Wahrnehmung, Erkenntnis und Selbstorganisation. Anders als bei der Utopie vom „Schlachtfeld ohne Krieger" wäre der Mensch dann aber gerade nicht vollständig durch Maschinen ersetzt – er würde durch die präzise, effiziente und emotionslose Waffenwirkung „kognitiver Waffensysteme" sterben.

> „Die Weltlage ist heute so gefährlich wie seit dem Zerfall der Sowjetunion nicht mehr" (Wolfgang Ischinger)

Einige Nationen verfügen schon heute über (teil-)autonome kognitive Waffensysteme. Russland hat eine Roboterarmee aufgebaut und stellt sich vor, dass sie auf dem Schlachtfeld neben den Soldaten künftig vollautonom operieren wird. Die USA arbeiten an Systemen, die die Kampfkraft der menschlichen Soldaten – die Letalität, wie die Militärs es nennen – steigern sollen. China geht noch weiter und strebt die „Singularität" auf dem Schlachtfeld an: die, wie die Militäranalystin und Sicherheitsberaterin Elsa B. Kania beschreibt, „Überlegenheit kognitiver Maschinen, gegenüber dem Menschen Zwang auszuüben".

> „Autonome Waffensysteme, die der Verfügung des Menschen entzogen sind, lehnen wir ab. Wir wollen sie weltweit ächten" (Koalitionsvertrag von CDU, CSU und SPD 2018)

Europa, laut Ex-Außenminister Sigmar Gabriel der „Vegetarier unter den Fleischfressern", hält stattdessen am Frieden als Wert fest: In Europa soll die Künstliche-Intelligenz-Forschung rein auf höhere Wettbewerbsfähigkeit im globalen Welthandel abzielen. Immerhin: Wer kauft, argumentiert schon Immanuel Kant, schießt nicht. Über die geostrategische Bedeutung neuer Technologien, besonders der künstlichen Intelligenz, wird höchstens im Stillen nachgedacht, öffentlich zur Sprache kommt sie nicht. Gerade Deutschland wünscht sich, militärisch genutzte künstliche Intelligenz möge sich auf ein bloßes Nebenprodukt der Forschungsaktivitäten von Wissenschaft und Wirtschaft reduzieren lassen. Wünsche allein werden allerdings nicht weiterhelfen, wo globale rechtliche Rahmenbedingungen fehlen.

# Die Hilflosigkeit des Rechts

Tatsächlich ist fraglich, ob das Recht ein scharfes Werkzeug gegenüber den Vorstellungen der Militärmächte ist. Recht ist stets eine lückenhafte *Lex imperfect*. Das gilt gerade auch im Fall des Völkerrechts, das sich für kognitive Waffensysteme zwar für zuständig erklärt, aber auch hier keine Regelung bereithält.

Immerhin dürfen Staaten ja schon nach geltendem Völkerrecht nicht einfach „mal so" neue Waffensysteme bauen. Artikel 36 des Zusatzprotokolls vom 8. Juni 1977 zu den Genfer Abkommen vom 12. August 1949 über den Schutz der Opfer internationaler bewaffneter Konflikte antizipiert bereits die Entstehung neuer Waffensysteme, weil es Staaten auffordert zu prüfen, ob eine neue Waffe oder Methode nicht a priori als verboten gelten muss. Das setzt voraus, dass die Staaten die Menschenrechte achten. Sie sollen, so der Leitgedanke, schon bei der Entstehung neuer Waffensysteme zu erkennen geben, dass ihnen die Würde der Menschen anderer Nationalität genauso wichtig ist wie die Würde der eigenen Staatsbürger.

Der pensionierte Generalmajor Robert H. Latiff – als US-Amerikaner stets im Dilemma zwischen globaler Technologieführerschaft auch bei modernsten Waffensystemen und dem Anspruch, die Menschenrechte als die Grundlage des Staatswesens der Vereinigten Staaten schlechthin zu verteidigen – hat diese Achtung der Würde so zum Ausdruck gebracht: „Being killed by a machine is the ultimate human indignity" (von einer Maschine getötet zu werden, ist ein Akt höchster Unwürdigkeit). Die Letztverantwortung für eine Tötung solle also stets ein Mensch übernehmen.

Dafür, so einige Völkerrechtler, spricht im geltenden Völkerrecht allerdings rein gar nichts: Es enthält, so etwa der Vorsitzende des Programms Sicherheit und Recht bei der Stiftung „Genfer Zentrum für Sicherheitspolitik", Tobias Vestner, nicht einmal den Geist des Gedankens daran, nur ein Mensch könne einen anderen Menschen töten. Vielmehr haben ja schon heute Menschen nach dem Auslösen eines Waffensystems, etwa Raketen oder Atombomben, oft keinen Zugriff mehr auf die Folgen.

## Gescheiterte Abrüstungsverhandlungen in Genf

Der richtige Ort für die Verhandlung einer völkerrechtlichen Ächtung ist das internationale Genf. Die Stadt ist Gastgeberin völkerumfassender Organisationen, darunter auch der Ständigen Abrüstungskonferenz. Hier hat man zunächst bis August 2018 über die Ächtung der LAWS, also von letalen autonomen Waffensystemen verhandelt – allerdings keinesfalls mit dem von der Zivilgesellschaft erhofften Erfolg, denn zu einer Ächtung kam es nicht. Der Grund: Haarspalterei. Die Staaten konnten sich nicht auf eine Abgrenzung von „automatisch" zu „autonom" einigen.

Zur Diskussion gibt es auch eine Haltung der deutschen Bundesregierung: Man kann nicht verbieten, was es nicht gibt. Und LAWS gibt es nicht, wird es nicht geben und darf es nicht geben: Schließlich ist ihre

„*kill chain*" menschlicher Kontrolle vollkommen entzogen – also alles von der Auswahl des Angriffszieles, seiner Lokalisierung, Identifizierung, Überwachung und Verfolgung, der Priorisierung von Zielen und der Anpassung des Wirksystems bis hin zur „Neutralisierung" der Ziele und allen Aufgaben und Aktionen, die auf eine solche Operation folgen. Vorerst gingen die Verhandlungen über die LAWS deshalb ohne Abschlusspapier zu Ende.

Die deutsche Haltung mag auch politisch-taktischen Überlegungen entspringen, realistisch ist sie nicht. Zudem: Mit der Verengung des Debattenraums durch ein „LAWS existieren nicht und werden niemals existieren" raubt man Deutschlands Bürgern das Recht, die Waffenentwicklung mit einer demokratischen Debatte zu begleiten und realistische Bedrohungsszenarien zu analysieren. Man macht sie gewissermaßen sprachlos. Doch auf dem Niveau der Sprachlosigkeit kann man nicht mehr diskutieren. Besser, es mit Winston Churchill zu halten: „Everything I was sure or I was taught to be sure was impossible, has happened" – „alles, von dem ich sicher überzeugt war, es würde unmöglich eintreten, ist geschehen", und auch das vermeintlich Unmögliche zu debattieren und einen Umgang damit zu finden.

# Die Verantwortung des einzelnen Wissenschaftlers

Wo es nicht gelingt, Verantwortung an Institutionen und Organisationen, an das Recht oder die Politik zu delegieren, da bleibt Verantwortung, was sie schon immer war: Angelegenheit jedes Einzelnen, des einzelnen Industriemanagers, des einzelnen Wissenschaftlers, eben der Person. Die Frage lautet dann neu: Wie weit darf diese Person, wie weit darf also ich gehen, wenn ich kognitive Maschinen – vom selbstfahrenden Auto bis zur selbstständigen Waffe – baue?

Diese Frage ist pauschal leicht gestellt und im Einzelnen schwer zu beantworten. Denn die Entwicklung kognitiver Waffensysteme wirft ethische und rechtliche Probleme auf, mit denen Wissenschaftler, die an neuen Technologien forschen, allein überfordert sein dürften. Sie könnten zwar den Versuch wagen, mögliche Antworten in der Beschreibungssprache der Mathematik zu formulieren und sowohl Völkerrecht als auch ethische Prinzipien als „Ethics by Design" in Programmiercode zu zwängen – vorher aber müssen Ethikberater und Juristen zu Papier gebracht haben, was rechtlichem und nationalem Ethos entspricht. Demnach sollte zumindest zur Minimalforderung werden, Ethiker und Juristen von Anfang an und als dauerhafte Begleiter dort einzubeziehen, wo kognitive Waffensysteme entwickelt werden sollen, und sie in die Schranken des Rechts und des gesellschaftlichen Ethos zu verweisen.

Ermutigend könnte wirken, dass diese Forderung durchaus reale Früchte zu tragen scheint. In Europa kann man das zum Beispiel an Rüstungsprojekten wie dem „Future Combat Air System (FCAS)" erkennen: einem Luftkampfsystem der Zukunft, für das die deutschen und französischen Verteidigungsministerien Anfang 2019 eine Konzeptstudie bei den Firmen Airbus Defense and Space und Dassault Aviation beauftragt haben. Dazu heißt es, „Vertreterinnen und Vertreter aus unterschiedlichen Bereichen der Gesellschaft [werden] die technologische Entwicklung von FCAS aus unter anderem ethischen und völkerrechtlichen Blickwinkeln begleiten".

### FCAS, die Luftverteidigung in der Zukunft

Die Technologien des 21. Jahrhunderts haben nicht nur bahnbrechende Veränderungen der Wirtschaft, sondern auch unserer privaten Lebensgewohnheiten bewirkt. Doch längst erneuern sie auch den Sicherheits- und Verteidigungsbereich und stellen sowohl Staaten als auch ihre Zivilbevölkerungen vor ganz neue Herausforderungen. Irgendwo zwischen militärischen Mikrodrohnen, Quantenkommunikation, hypersonischen Waffensystemen, die so schnell sind, dass sie ihr Ziel in weniger als zehn Minuten erreichen können, findet sich künstliche Intelligenz wieder, in unbemannten Panzern oder Schwärmen kognitiver Maschinen, die künftig den Luftraum verteidigen sollen. Die Konflikte der Zukunft werden höher automatisiert geführt als je zuvor.

Mit ihrer Unterschrift am 6. Februar 2019 haben die Verteidigungsministerien Frankreichs und Deutschlands den Startschuss für die gemeinsame Studie eines Future Combat Air System (FCAS) gegeben. Ein bemannter Kampfjet neuester Generation wird von loyalen Flügelmännern begleitet, die nicht mehr bemannt sind: von Drohnen. Gemeinsam bilden sie einen Schwarm, eine Hybride aus Mensch und autonomen Luftfahrzeugen. Bei Angriffen gegen den bemannten Kampfjet schützen die Drohnen den menschlichen Piloten und lenken von ihm ab. Doch auch andere Systeme sollen über FCAS vernetzt werden: der Eurofighter, der A400M und Lenkflugkörper. FCAS gilt als das ambitionierteste Verteidigungsprojekt Europas und als Meilenstein für die Entwicklung von Hochtechnologie in Europa.
Wolfgang Koch

Und selbst das amerikanische Verteidigungsministerium hat den Schuss gehört und arbeitet offen an ethischen Grundsätzen der Verteidigung in digitalen Zeiten. Nicht ganz uneigennützig: Das Verteidigungsministerium weiß, es ist auf die Hilfe privater Technologiegiganten, namentlich aus dem

Silicon Valley, angewiesen. Dort will aber niemand Steigbügelhalter der Verteidigung sein, und Wissenschaftler distanzieren sich in offenen Briefen ganz unverhohlen vom Einsatz smarter Technologien in modernen Waffensystemen. Wenn sie die Grenzen kognitiver Waffensysteme klar abstecken, glauben die Verteidigungsministerien, lässt sich vielleicht doch der eine oder andere zur Zusammenarbeit bewegen.

## Dringender Bedarf an Abrüstungsverhandlungen

Die Frage bleibt, ob diese Ansätze ausreichen. Vielleicht helfen sie dabei, dass künstliche Intelligenz, ein hoher Grad an Automation oder Autonomie in kognitiven Waffensystemen nur dort zum Einsatz kommen, wo sie sinnvoll, angebracht und rechtlich wie ethisch vertretbar sind. Wie auf dem Gefechtsfeld der Zukunft gekämpft werden wird, kann aber sicher nicht allein der Verantwortung, dem guten Willen oder der Herzensbildung von Programmierern, Forschern und Managern überlassen bleiben.

Überhaupt haben ja andere Nationen – namentlich jene, für die Menschenrechte nicht denselben Stellenwert haben wie für demokratisch verfasste Staaten – weniger Bedenken, mit kognitiven Waffensystemen aufzurüsten. Auch die Politik muss also alles dafür geben, die Grenzen kognitiver Waffensysteme völkerrechtlich verbindlich festzulegen. Ethikkommissionen sind dabei kein Ersatz für demokratisches Handeln der Gesellschaft. Sie dürfen von Berufspolitikern auch nicht dazu missbraucht werden, notwendige demokratische Debatten ins Hinterzimmer zu verlegen.

Der Politiker hat von uns als Souverän in Wahlen Vollmacht und Auftrag erhalten, die Gesellschaft durch hoheitliches gesetztes Recht zu gestalten. Die schärfste Waffe der Demokratie ist die Gesetzgebung. Deshalb kann die Zivilgesellschaft nicht anders, als ihre Regierungen aufzufordern, weltweit verbindliche Standards für kognitive Waffensysteme aufzustellen und die entsprechenden völkerrechtlichen Vereinbarungen zu treffen. Abrüstungsverhandlungen müssen intensiver, über einen längeren Zeitraum und mit mehr gutem Willen geführt werden. Schon heute ist dafür kaum mehr Zeit. Doch keiner von uns will erleben, ja sich nicht einmal ausmalen, wie es sein könnte, müssten wir die Erde schon bald mit kognitiven Waffensystemen teilen.

### Wie die Verteidigungsindustrie Gewohnheitsrecht schafft

Da das geltende Völkerrecht – gerade im Blick auf die ungeahnten und keineswegs schon beherrschbaren Auswüchse von Hyperkrieg und AWS – noch auf längere Sicht ein zahnloser Tiger sein wird, gilt es, wegen der unbedingt einzufordernden menschlichen Verantwortung für Einsatz und Folgen dieser neuen Waffensysteme Ausschau nach sonstigen Fixpunkten zu halten, die geeignet sind, Orientierung in existenziellen Zweifelsfragen und verlässlichen Halt zu geben. Ein alter Satz des großen Rechtslehrers Georg Jellinek muss daher bedacht werden: „Recht", so lehrte er, „ist nur das ethische Minimum." Da aber das Völkerrecht gegenwärtig noch versagt, bleibt als gegenwärtige Antwort lediglich die verpflichtende Indienstnahme der Unternehmen als Akteure selbst. Bezugspunkt für solche Erwägungen können und müssen – das darf nie in Zweifel gezogen werden – die unbedingt zu respektierenden Menschenrechte sein.

Deswegen macht es Sinn, auf das bewährte Konzept der „Corporate Social Responsibility" (CSR) zurückzugreifen. Die so zu verankernden Grundsätze sollten darauf abzielen, verbindliche Verhaltensnormen für alle Akteure im verantwortungsvollen Umgang mit kognitiven Waffensystemen zu schaffen. Es geht um die Begründung eines Normensystems im Sinn der Achtung der Menschenrechte. Auch die Steuerung des Verhaltens Dritter, der gesamten „supply chain", muss eingefordert werden. Bei Vorliegen eines Fehlverhaltens sollten spürbare Sanktionen einsetzen: „Soft law and hard sanctions" – darum geht es. Was dann in Stellung gebracht wird, sind Instrumente, die von der außerordentlichen Kündigung bis hin zu Schadensersatz und Vertragsstrafen reichen.

Friedrich Graf von Westphalen

# Computer an der Grenze

Eva Wolfangel

*Der Sieg einer Google-Software über den Weltmeister im Brettspiel Go hat der Technologie der künstlichen Intelligenz gesellschaftlichen Auftrieb verschafft. Die Mühen der Ebene zeigen aber, dass die Algorithmen des maschinellen Lernens allerlei Fallen bergen – auch für ihre Entwickler.*

Die Bank verweigert einen Kredit trotz bester Bonität, Amazon schlägt beharrlich Bücher vor, die man nie lesen würde, und der Ganzkörperscanner am Flughafen findet irgendetwas auffällig am eigenen Körper: Das kann zwar keiner der freundlichen Beamten erklären, es zieht aber eine aufwändige Sicherheitskontrolle und einen Sprint zum Gate nach sich: Die Auswirkungen maschinellen Lernens kennt jeder aus dem Alltag – auch wenn die wenigsten wissen, dass dahinter Künstliche-Intelligenz-Algorithmen liegen. Im Unterschied zum Brettspiel Go, wo jeder sehen kann, wer gewonnen hat, sind die meisten anderen Anwendungsgebiete weniger transparent: Liegt der Schufa-Algorithmus falsch, oder ist der Betroffene wirklich nicht kreditwürdig?

Je weitreichender die Einsatzgebiete solcher Algorithmen sind, umso gefährlicher sind mögliche Fehlschlüsse oder Ungenauigkeiten solcher Systeme: Das kann jeder sofort nachvollziehen, wenn es beispielsweise ums autonome Fahren oder um die Steuerung automatischer Waffensysteme geht. Experten glauben nicht daran, dass diese Fehler gänzlich auszu-

E. Wolfangel (✉)
Stuttgart, Deutschland
E-Mail: author@noreply.com

merzen sind. Sie liegen im System – und in der Anwendung: Denn es ist längst kein Allgemeingut unter Informatikern, welcher Algorithmus für welche Anwendung geeignet ist. Dazu kommen Annahmen, die im Vorfeld getroffen werden müssen, und bei vielen Algorithmen die Unmöglichkeit, das Ergebnis auf die Richtigkeit oder statistische Relevanz hin zu überprüfen.

Wie lernen Maschinen überhaupt? Eine zentrale Unterscheidung betrifft die Art des Lernens: Algorithmen können überwacht oder unüberwacht lernen. Ersteres wird unter anderem für Klassifikationsaufgaben genutzt: Ist beispielsweise ein Mensch auf einem Foto oder nicht? Grundlage dafür sind Trainingsdaten, anhand derer der Algorithmus auf Vorgabe eines Menschen lernt, was das richtige Ergebnis ist – auf diesen 1000 Bildern ist ein Mensch, auf diesen 1000 nicht. Hat das System für alle eventuell vorkommenden Fälle genügend Trainingsdaten, so die Idee, lernt es daraus selbst, bislang unbekannte Bilder zu klassifizieren. AlphaGo lernte beispielsweise unter anderem anhand von Millionen menschlicher Go-Spielzüge.

## Auch überwachtes Lernen ist kaum zu kontrollieren

Dabei führt der Begriff überwachtes Lernen in die Irre: Dieses Lernen ist weit weniger zu kontrollieren, als der Begriff suggeriert. Der Algorithmus entscheidet schließlich auf eigene Faust, welche Kriterien wichtig sind für die Unterscheidung. „Deshalb ist es zentral, dass der Trainingsdatensatz repräsentativ ist für die Art von Daten, die man vorhersagen will", sagt Fred Hamprecht, Professor für Bildverarbeitung an der Universität Heidelberg. Das kann allerdings kniffelig sein. So kursiert in Forscherkreisen das Beispiel eines Systems, das darauf trainiert wurde, Panzer auf Bildern zu erkennen. Der Trainingsdatensatz bestand aus Werbebildern der Herstellerfirmen von Panzern und beliebigen anderen Bildern, auf denen kein Panzer zu sehen war. Aber das System funktionierte in der Anwendung nicht – es erkannte Panzer nicht, sondern filterte stattdessen Bilder heraus, auf denen die Sonne schien. Das Problem war schnell erkannt: Auf den Werbebildern hatte ebenfalls stets die Sonne geschienen. Das Netz hatte das als Kriterium angenommen. „Falls das Beispiel nicht wahr ist, ist es zumindest schön erfunden", sagt Hamprecht.

Aber nicht alle Fehler sind so einfach zu finden. „Die Frage ist immer, woher die Daten kommen", sagt Hamprecht. Ein Sensor beispielsweise altert oder verschmutzt, Bilder werden eventuell mit der Zeit dunkler. Wer kein falsches Ergebnis haben möchte, muss diese „Datenalterung" mit einrechnen – und sich ihrer dafür erstmal bewusst sein. Auch ein falsches Ergebnis wird nicht unbedingt so einfach entdeckt: Schließlich entscheiden Algorithmen nicht nur über für Menschen offensichtlich zu erkennende Dinge wie die, ob auf einem Bild ein Panzer ist.

# Neuronale Netze lernen aus Erfahrungen

Angesichts immer größerer Computer und wachsender Masse an Trainingsdaten gewinnen bei der Bilderkennung so genannte neuronale Netze immer mehr an Bedeutung. „Sie sind heute die leistungsfähigsten Mustererkennungsverfahren", sagt Hamprecht. Dabei wird die Funktionsweise des menschlichen Gehirns lose nachgeahmt: Die Netze bestehen aus mehreren Lagen mit einer festzulegenden Anzahl an Neuronen, deren Verbindungen sich verstärken oder abschwächen, abhängig von den „Erfahrungen", die sie machen. Solche Erfahrungen sind beispielsweise die Trainingsdaten aus dem überwachten Lernen und das Feedback, ob zu einem Trainingsdatum die richtige oder falsche Vorhersage gemacht wurde.

Dank der vielen Übungsdaten lassen sich heute sehr viel größere und tiefere Netze trainieren als noch vor einigen Jahren. Während früher ein berühmter Computer-Vision-Datensatz aus 256 Bildern und sein Nachfolger aus 1000 Bildern bestand, gibt es heute Datensätze mit einer Million gelabelter Bilder – also solche, auf denen Menschen markiert haben, was darauf zu sehen ist. Aber die Netze haben auch entscheidende Haken: „Man kann bei neuronalen Netzen schwer nachvollziehen, wie sie zu einer Entscheidung kamen", sagt Hamprecht. Zudem beruhe der Entwurf neuronaler Netze auf einer großen Willkür: Bei der Entscheidung, wie viele Lagen mit wie vielen Neuronen genutzt werden sollten, beruhe vieles auf Bauchgefühl oder auf Ausprobieren. Die Entwickler testen verschiedene Varianten und schauen, wann das beste Ergebnis entsteht. Erklären können sie ihre Entscheidung nicht. „Dieses Rumprobieren gefällt mir nicht", sagt Hamprecht, „ich gehe den Dingen lieber auf den Grund."

# Informatiker sind nicht in Statistik ausgebildet

Dass häufig das Bauchgefühl oder auch relativ unbestimmtes Herumprobieren zu der Entscheidung führt, welcher Algorithmus für welches Problem angewendet wird, stört auch Katharina Zweig, Leiterin der Arbeitsgruppe Graphentheorie und Analyse komplexer Netzwerke an der TU Kaiserslautern: „Das größte Problem: Wir als Informatiker sind nicht dafür ausgebildet zu modellieren." Modellieren bedeutet beispielsweise die Entscheidung, welche Daten als Trainingsdaten relevant sind und welcher Algorithmus auf diese angewendet wird. Ein umstrittenes Projekt, das die Schufa vor einiger Zeit gemeinsam mit dem Hasso-Plattner-Institut angekündigt hatte, aus Daten von sozialen Netzwerken die Kreditwürdigkeit Einzelner vorhersagen zu können, beruhe auf einem Modell – der Idee, dass diese Daten dafür geeignet sein könnten. Welcher Algorithmus des maschinellen Lernens darauf angewendet wird, wird im Zweifel danach entschieden, welcher des beste Ergebnis bringt, also die nicht Kreditwürdigen findet und nicht zu viele Kreditwürdige fälschlich aussortiert. Schließlich wissen die Forscher aus der Zusammenarbeit mit der Schufa, wer als kreditwürdig eingeschätzt wird. Ein Algorithmus sucht dann Gemeinsamkeiten der Betroffenen anhand der Daten, die sie auf Facebook geteilt haben. Aber woher weiß man, dass das nicht zufällige Korrelationen sind? Und ist das dann seriös, Menschen auf dieser Grundlage einen Kredit zu verwehren?

Aber das Ganze hat auch noch ein größeres, statistisches Problem, das häufig übersehen wird – auch von Informatikern. Angenommen, am Ende entsteht ein Algorithmus, der anhand von Facebook-Daten zu 90 % richtig vorhersagen würde, wen die Schufa als nicht kreditwürdig ansehen würde, und lediglich 5 % Kreditwürdige fälschlicherweise als nicht kreditwürdig einstuft. Auf den ersten Blick wirkt das wie ein recht gutes Ergebnis. Man könnte auf die Idee kommen, dass Facebook eine gute Datenquelle ist, um die Kreditwürdigkeit von Menschen zu berechnen. Aber es gibt eine Falle, warnt Zweig: „Man muss betrachten, in welchem Verhältnis diese in der Bevölkerung vorliegen." Nur wenige bezahlen schließlich ihren Kredit nicht zurück. Angenommen, von 5000 Menschen zahlen 150 einen Kredit nicht zurück: Der Algorithmus würde davon 90 % – also 135 – identifizieren. Hochgerechnet würden aber auf Grund des scheinbar recht treffsicheren Algorithmus gut 240 weitere Personen keinen Kredit bekommen (5 % der 4850 eigentlich Kreditwürdigen). „Damit liegt die Trefferquote, bei allen, die der Algorithmus als nicht kreditwürdig ansieht, nur bei etwa 36 %. Solche prozentuale Maße sind also ein Problem in der künstlichen

Intelligenz, wenn die vorherzusagenden Kategorien sehr unbalanciert auftreten", warnt Zweig. „Und oft wenden wir KI dann an, wenn wir wenig wissen, bei seltenen Krankheiten beispielsweise." Aber genau dann fallen Vorhersagefehler stark ins Gewicht: „Man sortiert zu viele aus oder detektiert die Leute nicht, die eigentlich dazugehören." Nach Protesten wurde dieses Projekt jedoch rasch wieder eingestellt.

## Unschuldige geraten zwangsläufig in Verdacht

Diese Gefahren sind beim unüberwachten Lernen möglicherweise noch größer. Dabei bekommt der Algorithmus keine Trainingsdaten und keinen Hinweis auf das gewünschte Ergebnis, sondern er soll Strukturen oder Zusammenhänge in den Daten erkennen. Er kann zum Beispiel ungewöhnliche Ereignisse finden, so genannte „Outlier" – das wird angewendet, um Hackerangriffe auf Computernetzwerke anhand auffällig anderer Anfragen aus dem Netz zu erkennen. Die Aufgabe für den Algorithmus lautet dann: Finde heraus, was typische Ereignisse sind, und sage mir, was nicht typisch ist. Ein anderer wichtiger Anwendungsfall ist die Clusteranalyse, die Suche nach „natürlichen" Gruppen, Daten mit ähnlichen Eigenschaften. Diese Verfahren sind beispielsweise geeignet, um Cliquen in sozialen Netzwerken zu identifizieren oder Kunden, die ähnliche Kaufinteressen haben.

Amazon beispielsweise wendet eine Mischung aus überwachten und nicht überwachten Verfahren an: „Kunden wie Sie interessierten sich auch für …" beruht zum Teil auf dieser Clusteranalyse, die vielleicht erkannt hat, dass Käufer von Erziehungsratgebern oft auch Holzspielzeug kaufen. Der Algorithmus sortiert die Menschen in Gruppen. Die Kunden sind es dann, die den Algorithmus trainieren. Indem sie eine Empfehlung kaufen, zeigen sie ihm, dass er richtig liegt. „Amazon kann Algorithmen einfach durchprobieren", erklärt Ulrike von Luxburg, Professorin des Lehrstuhls Theorie des Maschinellen Lernens an der Uni Tübingen, „verdienen sie mehr Geld, ist es für ihre Zwecke ein besserer Algorithmus." Anders ergeht es beispielsweise der NSA. So einfach ist es nicht zu überprüfen, wie zielstrebig deren Algorithmus potenzielle Terroristen gefunden hat. „Das ist es, was den Leuten Angst macht", sagt von Luxburg – schließlich geraten zwangsläufig auch Unschuldige unter Verdacht.

„Interessant ist immer, wenn etwas Unerwartetes herauskommt", sagt von Luxburg. Die Frage ist dann natürlich, ob das auch eine tiefere Bedeutung hat. Schließlich hat ein Algorithmus kein Verständnis für statistische Relevanz: Ist das Ergebnis signifikant oder nur Zufall? „Ein Algorithmus kann das nicht unterscheiden. Wenn ich ihm sage, finde zehn Gruppen, dann findet der zehn Gruppen – unabhängig davon, ob diese in der Realität eine Bedeutung haben." Dieses Problem haben alle unüberwachten Verfahren. Man muss viel interpretieren, weil mathematische Verfahren kein Verständnis für den Kontext haben. „Die Aussage aus der klassischen Statistik, ›mit 95-%iger Wahrscheinlichkeit trifft das Ergebnis zu‹ gibt es bei Machine-Learning-Anwendungen so gut wie nie", erklärt von Luxburg. „Man muss Verfahren nehmen, die mit sehr wenigen Annahmen arbeiten – ohne Annahmen kann ich aber auch die Güte des Ergebnisses schlecht vorhersagen."

## Maschinelles Lernen ist theorielos

Die Theorielosigkeit des maschinellen Lernens wird uns auf die Füße fallen, fürchtet Katharina Zweig. Denn was soll der Bankmitarbeiter demjenigen sagen, der keinen Kredit bekommt? „Du hast diesen Wert. Wieso, das weiß ich nicht, jedenfalls bekommst du keinen Kredit." Aus ihrer Sicht sollte man Betroffenen sagen können, was sie ändern können, um einen Kredit zu bekommen, aus welchen Gründen ihnen der Algorithmus diesen Wert zugewiesen hat. Nur wie, wenn das die Anwender eines Systems selbst nicht wissen können? Und was, wenn das Ergebnis falsch ist?

Das lässt sich kaum nachvollziehen, warnt Ulrike von Luxburg: „Bei der Beurteilung der Kreditwürdigkeit von Personen verwenden Banken oft ein Machine-Learning-Verfahren im Hintergrund, das auch mal falsch liegen kann. Dann kann man sich als Betroffener auf den Kopf stellen, aber man kann das Ergebnis des Algorithmus nicht ändern." Ein erster wichtiger Schritt sei, den Anwendern transparent zu machen, dass ihr System unweigerlich immer auch Fehler machen kann. „Den Entwicklern ist das bewusst, den Anwendern häufig schon nicht mehr."

Auch diese Schwierigkeit liegt im System, findet Katharina Zweig: „Das Hauptproblem ist die Long Chain of Responsibility", die lange Verantwortungskette. Erst entwickelt jemand einen Algorithmus, dann implementiert ihn ein anderer, wiederum ein anderer wählt die Daten aus und jemand interpretiert das Ergebnis – häufig verschiedene Menschen, die nicht um die möglichen Fehler wissen, die bereits im System sind.

Wie stellen wir als Gesellschaft sicher, dass die Ergebnisse am Ende gut sind? Schließlich hat auch die Gesamtheit kein Interesse daran, dass beispielsweise zu wenig Kredite vergeben werden, weil falsche Annahmen in einen Algorithmus eingeflossen sind, den keiner mehr kontrollieren kann. „Leute, die einen Kredit bekommen, bringen die Wirtschaft in Schwung." Katharina Zweig schwebt ein Beipackzettel für jedes System vor, der durch die Verantwortungskette weiter gereicht wird und die nötigen Informationen beinhaltet: Welche Annahmen, welche Daten liegen zu Grunde? Was muss beachtet werden, was sind die Grenzen des Algorithmus, wofür ist er geeignet?

Speziell bei unüberwachten Lernverfahren sei eine Qualitätssicherung wichtig, ergänzt Ulrike von Luxburg. Schließlich wächst mit der Masse an Daten auch der potenzielle Fehler. Die Informatikerin hat es sich zur Aufgabe gemacht, entsprechende Algorithmen auf systematische Fehler hin zu untersuchen. Aber das ist eine umfangreiche Aufgabe. Es dauert bis zu einem Jahr, bis sie einen Algorithmus geprüft hat. Und auch dann ist nicht gewährleistet, dass der Algorithmus in jeder speziellen Anwendung nur richtige Ergebnisse liefert.

Von einer Idee muss sich die Gesellschaft verabschieden, warnt deshalb auch Fred Hamprecht: dass ein System, das auf maschinellem Lernen basiert, je mit einer Genauigkeit von 100 % arbeitet. „In der Regel liegt die Genauigkeit zwischen 60 und 99 %." Das liege häufig auch an ungenauen Eingabedaten – eine Fehlerursache, die oft bewusst hingenommen wird: „Genaue Messungen sind teuer, man braucht mehr Zeit und bessere, teure Geräte." Für manche Anwendungsfälle kann man mit einer nicht perfekten Genauigkeit leben, für andere eher nicht: „Kritisch wird es zum Beispiel, wenn der Computer in autonomen Waffensystemen falsche Entscheidungen trifft", sagt Hamprecht. Vermeidbar sei das aber prinzipiell nicht: „Es wird immer Klassifikationsfehler geben. Ein perfektes System lässt sich nicht realisieren. Alles andere ist Augenwischerei."

# Wo hat sie das nur gelernt?

Eva Wolfangel

*Künstliche Intelligenz gilt als unbestechlich, emotionslos, objektiv. Doch wer genauer hinsieht, findet üble Vorurteile und rassistische Klischees. Von wem hat sie das nur gelernt?*

Um einem Computer das Sprechen beizubringen, lässt man ihn heutzutage gewaltige Textmengen durchforsten, Zeitungsarchive, Websites oder digitale Bibliotheken zum Beispiel. Das funktioniert ganz gut: Die künstliche Intelligenz (KI) ermittelt etwa statistische Regelmäßigkeiten wie die Häufigkeit bestimmter Wortkombinationen, und am Ende hat das System mehr oder weniger anwendbares Deutsch aufgeschnappt – und, wie sich zeigt, eine ganze Menge Vorurteile.

Denn diese stecken unweigerlich in den Trainingsdaten drin, wenn auch häufig wenig offensichtlich. Die Diskussion darum, wie die Forschung mit dieser Tatsache umgehen soll, nimmt gerade an Fahrt auf und hat 2017 durch eine Studie im Magazin *Science* neue Nahrung bekommen: Forscher um die Informatikerin Aylin Caliskan von der Princeton University zeigen darin, dass entsprechende Algorithmen die gleichen impliziten rassistischen und sexistischen Stereotype reproduzieren wie Menschen.

Um das nachzuweisen, haben Caliskan und Kollegen ein Verfahren abgewandelt, das seit Längerem in der psychologischen Forschung zum

E. Wolfangel (✉)
Stuttgart, Deutschland
E-Mail: author@noreply.com

Einsatz kommt. Es soll gerade solche Vorurteile und Wertvorstellungen zum Vorschein bringen, die Menschen in Fragebogen ungerne zugeben.

Bei diesem Implicit Associations Test (IAT) messen Forscher die Reaktionszeit, die ein Mensch benötigt, um zwei Begriffe miteinander in Verbindung zu bringen. Kommen dem Probanden die hinter den Ausdrücken stehenden Konzepte semantisch ähnlich vor, ist seine Reaktionszeit kürzer, als wenn die Konzepte einander zu widersprechen scheinen. Beispielsweise zeigt der Test, dass die meisten Menschen die Namen von Blumen schneller mit Worten wie „schön" oder „hübsch" assoziieren und die Namen von Insekten schneller mit negativen Begriffen.

Mit dem bereits 1998 entwickelten Verfahren lockt man nach Meinung seiner Verfechter verborgene Ansichten ans Tageslicht, weil es schwer, wenn nicht gar unmöglich sei, „politisch korrekt" zu reagieren. Die Reaktionszeit lässt sich willentlich kaum beeinflussen.

In ihrer Abwandlung des IAT ermittelten Caliskan und Kollegen allerdings nicht die Reaktionszeit ihrer KI. Sie machten sich den Aufbau des erlernten Wissensspeichers zu Nutze: In einem Fall ließen sie den Computer mit Hilfe des so genannten „Word-to-Vec"-Verfahrens lernen, das Wörter als Vektoren darstellt, abhängig davon, welche anderen Wörter in ihrem Umfeld häufig auftauchen. Auch hier lernte die KI selbstständig, welche Begriffe zusammengehören. Das Lehrmaterial bildete eine der größten computerlinguistischen Datensammlungen der Welt, das „common crawl corpus" mit 840 Mrd. Wörtern aus dem englischsprachigen Internet.

## Männer für Mathe, Frauen für Kunst?

Anschließend ermittelten die Forscher die Distanz zwischen zwei Paaren von Vektoren, sie diente ihnen als analoge Maßeinheit zur Reaktionszeit der Menschen im IAT-Test. Dabei fand das Team unter anderem heraus, dass die künstliche Intelligenz Blumen ebenso wie europäisch-amerikanische Vornamen mit positiven Begriffen assoziierte, wohingegen Insekten sowie afroamerikanische Namen mit negativen Begriffen verbunden wurden. Männliche Namen standen semantisch näher an Karrierebegriffen, weibliche Namen hingegen wurden eher mit Familie assoziiert, Mathematik und Wissenschaft mehr mit Männern, Kunst mehr mit Frauen, die Namen junger Menschen wurden eher mit angenehmen, die Namen von älteren eher mit unangenehmen Dingen in Verbindung gebracht.

„Mann verhält sich zu Programmierer wie Frau zu Hausfrau" – so fassten schon Mitte 2016 Forscher der Boston University und von Microsoft Research im Titel einer ganz ähnlichen Veröffentlichung das Phänomen zusammen. Wenn die Bedeutung von Begriffen allein anhand statistischer Methoden definiert wird, spiegeln die Vektoren der Informatiker das Weltwissen in unseren Köpfen. Vorurteile und Klischees inbegriffen.

Letztlich sei das Ergebnis nicht weiter verwunderlich, gibt Joanna Bryson von der Princeton University, Mitautorin des aktuellen *Science*-Artikels, zu: „Die Verzerrung in den Daten ist historisch bedingt, das ist unsere Kultur." Zudem zeigten die Assoziationen sowohl von Mensch als auch von Maschine nicht nur Vorurteile, sondern auch menschliche Wertungen, die sich über viele Jahrtausende gefestigt haben und nun der Wahrnehmung selbst ihren Stempel aufdrücken – beispielsweise dass wir Blumen als schön empfinden. „Daran ist ja nichts Negatives." Aber sie zeigen eben auch tief verwurzelte Vorurteile, die offenbar über die Sprache transportiert werden und so unbewusst auf uns einzuwirken scheinen. Das Ergebnis liefert damit der alten Ansicht neue Argumente, dass unser Denken und unsere Weltsicht maßgeblich durch unsere Muttersprache beeinflusst werden.

## Statistisch Vorurteile lernen kann auch der Mensch

Einen weniger augenfälligen Aspekt ihrer Studie findet Bryson allerdings viel beeindruckender: Die Analogie zwischen menschlichem Lernen und Algorithmus könnte noch tiefer reichen. Auch wir erfassen womöglich die Bedeutung eines Wortes vor allem dadurch, wie es benutzt wird. So hört man beispielsweise häufig: „Ich muss nach Hause meine Katze füttern." Oder: „Ich muss nach Hause meinen Hund füttern." Aber nie: „Ich muss nach Hause meinen Kühlschrank füttern." Ein Algorithmus lernt daraus, dass Hund und Katze ähnliche Konzepte sind, Kühlschrank hingegen ein ganz anderes. „Und vermutlich lernen auch Kinder so", sagt Bryson. Nur indem sie ein Wort in vielen verschiedenen Kontexten benutzen und hören, könnten Kinder lernen, welche Bedeutung damit verknüpft ist.

Auch für die Roboterforschung habe die aktuelle Studie deshalb eine große Bedeutung, so Bryson. Schließlich sei lange argumentiert worden, dass Roboter einen Körper brauchen, um die Welt wirklich zu verstehen: „Es hieß: Du kannst keine Semantik bekommen, ohne die echte Welt zu fühlen." Sie sei selbst eine Anhängerin dieser These gewesen. „Aber das ist nicht nötig, wie unsere Studie zeigt." Denn ganz offensichtlich reiche zum Beispiel allein das Lesen des Internets, um zu dem Ergebnis zu gelangen, dass Insekten unangenehm und Blumen angenehm sind – selbst wenn der Computer nie an einer Blüte geschnuppert oder von Moskitos gestochen wurde.

Doch unabhängig davon stehen angesichts der beiden Studien alle KI-Verfahren auf dem Prüfstand, die auf der Grundlage von Trainingsdaten eigenständig lernen. Was es heißt, wenn der Algorithmus Vorurteile übernimmt und zementiert, spürten schwarze Strafgefangene in den USA, für die ein Computer eine längere Haftzeit vorgeschlagen hatte als für weiße Kriminelle: Er hatte aus den bisherigen menschlichen Entscheidungen gelernt und die Vorurteile der Richter übernommen. Eigentlich ist es ganz einfach, sagt Margaret Mitchell von Google Research in Seattle: „Stecken wir Vorurteile rein, kommen Vorurteile raus." Diese seien allerdings kaum offensichtlich, weshalb sie häufig nicht bemerkt werden. „Wir haben heute dank der Deep-Learning-Revolution mächtige Technologien", sagt Mitchell – und damit stellen sich neue Fragen, denn langsam wird klar, welchen Einfluss das maschinelle Lernen auf die Gesellschaft haben kann. „Solche Tendenzen in den Daten werden manchmal erst durch den Output der Systeme sichtbar", sagt die Forscherin. Aber das auch nur dann, wenn sich die Entwickler des Problems bewusst sind, dass sie die Ergebnisse in Frage stellen müssen.

## Ein Filter gegen Vorurteile

Noch gebe es keine technische Lösung, wie man jene Vorurteile in den Daten systematisch aufspüren kann, die zu Diskriminierung führen können, gibt Mitchell zu: „Damit müssen wir uns jetzt beschäftigen, denn diese Systeme sind die Grundlage für die Technologien der Zukunft." Sie nennt das die „Evolution der künstlichen Intelligenz". Gerade an der Schnittstelle zwischen Bild- und Texterkennung gibt es immer wieder Pannen: so hatte eine Google-Software das Foto zweier Dunkelhäutiger mit der Unterschrift „Gorillas" versehen. Peinlich genug für den Konzern, um sich nun verstärkt auch dieser Ebene des maschinellen Lernens zu widmen.

„Sogar Systeme, die auf ‚Google-News'-Artikeln (also Zeitungsartikeln; Anm. d. Autorin) trainiert sind, zeigen Geschlechterstereotype in einem störenden Ausmaß", schreiben die Autoren um Tolga Bolukbasi von der Boston University im oben genannten Artikel. Sie schlagen vor, die Modelle zu „ent-biasen", also die Tendenzen und Vorurteile aus den Trainingsdaten zu entfernen. Joanna Bryson findet das falsch: „Es wird kaum möglich sein, jedes Vorurteil aus den Daten zu nehmen." Schließlich seien die wenigsten so offensichtlich wie Rassismus und Geschlechterstereotype.

Besser ist aus ihrer Sicht, die Systeme nach dem Trainieren mit einer Art Filter auszustatten: mit programmierten Regeln, die ausschließen, dass implizite Vorurteile in Entscheidungen oder Handlungen einfließen. Ganz ähnlich eigentlich wie Menschen, die auch nicht jedes Vorurteil in eine Handlung umsetzen – womöglich ganz bewusst, weil sie eine gerechtere Welt im Auge haben. „Die Gesellschaft kann sich ändern", sagt Bryson. Aber nicht, wenn uns die künstliche Intelligenz auf der Basis auf Daten der Vergangenheit für immer auf einem rassistischen und sexistischen Stand hält.

## Quellen

Caliskan, A. et al.: Semantics derived automatically from language corpora contain human-like biases. Science 356 (2017). https://www.science.org/doi/full/10.1126/science.aal4230

Bolukbasi, T. et al.: Man is to Computer Programmer as Woman is to Homemaker? Debiasing Word Embeddings. ArXiv: 1607.06520 (2016). https://arxiv.org/abs/1607.06520

# Fehler haben Konsequenzen für das Leben echter Menschen

Eva Wolfangel

*Hanna Wallach von Microsoft Research erklärt im Interview, wieso Maschinen rassistische Entscheidungen treffen und warum es wichtig ist, sich diesem Thema zu widmen.*

Hanna Wallach ist Senior Researcher bei Microsoft Research in New York und außerordentliche Professorin am College of Information and Computer Sciences an der University of Massachusetts. Sie organisiert Workshops zum Thema Ethik im maschinellen Lernen und schreibt Blogbeiträge dazu.

**Frau Wallach, Sie verfassen Debattenbeiträge für Forscher und organisieren Workshops zum Thema Ethik in der maschinellen Sprachverarbeitung. Wie kamen Sie auf die Idee?**
Wallach: Ich beschäftige mich schon länger mit Ethik im maschinellen Lernen: Wie kann die Technologie fair, transparent und zuverlässig sein? Im Jahr 2016 hat dann der Computerlinguist Dirk Hovy ein Thesenpapier vorgestellt, in dem er darauf hinweist, dass die maschinelle Sprachverarbeitung einen starken gesellschaftlichen Einfluss hat und damit auch eine Verantwortung. Einige der Probleme kamen mir aus dem maschinellen Lernen

---

Interview mit Hanna Wallach

---

E. Wolfangel (✉)
Stuttgart, Deutschland
E-Mail: author@noreply.com

M. Bischoff (Hrsg.), *Künstliche Intelligenz*, https://doi.org/10.1007/978-3-662-62492-0_24

allgemein bekannt vor, und so wuchs das Interesse, gemeinsam an dem Thema zu arbeiten.

**Was sind aus Ihrer Sicht die größten ethischen Probleme?**

Datengetriebene maschinelle Sprachverarbeitung reproduziert automatisch alle Tendenzen, die in den Daten vorhanden sind, beispielsweise sexistische oder rassistische Vorurteile. So konnten Forscher zeigen, dass Sprachsysteme, die auf der Grundlage von Zeitungsartikeln trainiert wurden, Geschlechtsstereotype verstärken: Sie erkennen einen starken Zusammenhang zwischen den Worten Krankenschwester/Krankenpfleger (im Englischen ist der Begriff „nurse" geschlechtsneutral; Anm. d. Autorin) und Frau.

**Liegt das nicht daran, dass die Gesellschaft diesen Beruf ebenfalls vor allem mit Frauen verknüpft?**

Genau, wir leben bereits in einer Gesellschaft mit Vorurteilen. Maschinen, die von uns lernen, reproduzieren das automatisch. Und sie verstärken sie, beispielsweise treffen Maschinen immer häufiger bei Bewerbungen eine Vorauswahl. Wir müssen sicherstellen, dass sie nicht auf der Grundlage solcher Verzerrungen in den Daten bestimmte Bewerbergruppen aussortieren.

**Dass nicht alle Männer automatisch aussortiert werden, wenn Krankenschwestern oder Erzieher gesucht werden? Dabei wird uns doch immer wieder versprochen, dass Computer objektiv urteilen und eben nicht Bewerber ablehnen, weil ihnen die Nase nicht gefällt …**

Das funktioniert aber nicht. Stellen Sie sich beispielsweise ein Unternehmen vor, das ein automatisches Verfahren anwenden will, um zu entscheiden, welche Bewerber zum Vorstellungsgespräch eingeladen werden sollen. Welche Beispiele soll es dem Computer geben, damit er lernt, wie man solche Entscheidungen trifft? Es trainiert sein System mit den bisherigen Entscheidungen der Personalabteilung, und dieses findet beispielsweise vor allem weiße Männer mit hohen Bildungsabschlüssen in der Belegschaft. Andere Bewerber mögen ebenso gut geeignet sein, aber das System wird sie künftig aussortieren, weil es historische Vorurteile reproduziert.

**Nicht immer sind diese versteckten Vorurteile so offensichtlich. Gibt es Verfahren, um diese verfälschten Daten zu finden oder sicherzustellen, dass ein solches System nicht auf Grundlage von Vorurteilen lernt?**

Das ist schwierig. Ein erster wichtiger Schritt ist es, die Fehleranalyse ernst zu nehmen. Wenn Datenpunkte Menschen darstellen, bekommt diese Analyse ein viel größeres Gewicht, denn die Fehler haben Konsequenzen für das Leben echter Menschen. Es genügt nicht zu wissen, dass ein Modell zu 95 % genau ist. Wir müssen wissen, wer von dieser Ungenauigkeit betroffen ist. Es ist ein großer Unterschied zwischen einem Modell, das für alle Bevölkerungsgruppen 95 % genau ist, und einem, das zu 100 % genau ist für weiße Männer, aber nur zu 50 %, wenn es um Frauen oder Minderheiten geht.

**Mir hat einmal ein Google-Vertreter gesagt, dass sie keine Ahnung hätten, wie sie ethisch korrekte Algorithmen programmieren sollen. Nehmen die großen Unternehmen das Thema ernst genug?**
Ja, aktuell diskutieren alle großen Tech-Unternehmen diese Themen. Natürlich ist es alles andere als ein gelöstes Problem, aber sehr viele schlaue Menschen beschäftigen sich damit und nehmen es sehr ernst. Das ist ein großartiger erster Schritt.

Das Interview führte Eva Wolfangel.

# Lange gesund leben – dank KI

## Eva Wolfangel

*Noch ist es ein verwegener Traum: Forscher möchten in Zukunft einmal mittels künstlicher Intelligenz aus dem Genom eines Menschen Krankheiten herauslesen können, die dieser in seinem Leben bekommen wird – und ihn dann so optimieren, dass er lange und gesund lebt. Das ist Zukunftsmusik. Aber was kann KI heute schon? Welche Hürden überwindet sie gerade, und welche Geheimnisse des menschlichen Körpers muss sie enträtseln?*

Als Frederick Klauschen auf den Link in der E-Mail klickt, erscheint eine Website, auf der groß ein Versprechen prangt: „Wir wollen den Krebs bis 2025 besiegen. Unsere Waffe ist die künstliche Intelligenz." Der Oberarzt am Institut für Pathologie an der Charité Universitätsmedizin Berlin schüttelt ratlos den Kopf. Klar, das klingt toll. „Aber ich weiß nicht, ob ich mich überhaupt mit denen treffen soll." Das Start-up hinter der Website hat sich an ihn gewandt, die Gründer wollen ihn treffen und vielleicht mit ihm zusammenarbeiten. Doch Klauschen weiß zu genau, wie unrealistisch dieses Versprechen ist: Es ist ein schöner Traum, mittels künstlicher Intelligenz alle Zusammenhänge von Leben, Tod und Krankheiten aufzuklären. Die Realität sieht noch ganz anders aus.

Denn so spannend die Möglichkeiten der Technologie des maschinellen Lernens sind, so ernst zu nehmen sind ihre Beschränkungen. Die Idee – die auch hinter Ansätzen wie dem des oben zitierten Start-ups steht – ist gut: KI soll das Profil bestimmter Krankheiten und die Mutationsmuster von Krebs-

E. Wolfangel (✉)
Stuttgart, DeutschlandE-Mail: author@noreply.com

arten auslesen und auch gleich noch die perfekte medizinische Behandlung zum individuellen Krankheitsbild liefern. Manche träumen gar davon, die Formel für das ewige Leben zu finden.

Dem steht vor allem eines entgegen: die Komplexität unserer genetischen Basis. Denn „eine kausale Kette zwischen Krankheit und Gen gibt es nur in wenigen Fällen", erklärt Klauschen: „Nämlich dann, wenn eine einzelne Veränderung in einem Gen mit der Krankheit zusammenhängt." Das ist beispielsweise bei Mukoviszidose der Fall oder bei monogenetischen Veränderungen und Syndromen wie etwa Trisomie 21. Doch die meisten mutationsbedingten Krankheitsgeschehen sind weit komplexer. Und ob eine entsprechende Disposition auch zu einer realen Krankheit führt, hängt von noch wesentlich mehr ab, beispielsweise von der Lebensweise und der Umwelt, die über epigenetische Prozesse einwirken können.

„Man kann allein anhand der Mutationen nicht vorhersagen, welche Gene in welchem Organ wann aktiv werden", fasst Klauschen zusammen. Aus seiner Sicht führt demnach die blinde Suche nach Korrelationen von Genmutationen und Krankheiten zu nichts. „Vielleicht kann man in Zukunft gewisse Risikofaktoren erkennen", sagt der Mediziner vorsichtig. „Aber dass wir das Genom eines Menschen sequenzieren und dann sagen können, in welchem Alter er an Diabetes erkrankt oder wann er den ersten Herzinfarkt bekommt – diese Vision ist unrealistisch."

## Mehr Realismus in die Vision

Dennoch gibt es Hoffnungen für die Krebsforschung, wenn auch in sehr viel bescheidenerem Maß. Denn KI kann eben helfen, Korrelationen zwischen einzelnen Genmutationen und der Wirkung von Medikamenten bei Krebs zu erkennen – womöglich sogar solche, die Menschen bislang verborgen geblieben sind. „Je mehr Gene man betrachtet, desto individueller werden die Tumoren", sagt Klauschen. „Man untersucht gerade, ob das für die Behandlung eine Rolle spielt."

Aber nützt es überhaupt, viele Korrelationen zu kennen? Immerhin haben die neuen maschinellen Lernverfahren damit noch keine Kausalitäten aufgedeckt: Sie erkennen nicht, ob sie auf etwas medizinisch wirklich Relevantes gestoßen sind. Und sie sagen auch nichts darüber aus, ob ein neu entdeckter Zusammenhang am Ende die Behandlung von Patienten entscheidend verbessern kann.

Dennoch: KI hilft in speziellen Szenarien der Medizin schon jetzt ganz praktisch – zum Beispiel in der visuellen Diagnostik. Wenn ein Hautarzt

Proben zu Pathologen wie Klauschen schickt, untersuchen diese zunächst deren Architektur. Sie machen einen Mikroschnitt und schauen sich unter dem Mikroskop die morphologischen Veränderungen an. Auf der Grundlage dieser visuellen Untersuchung stellen sie eine Diagnose – und erst dann folgt, eventuell, eine genetische Untersuchung. Dieses alte Verfahren, das im Grunde schon Rudolf Virchow vor mehr als 100 Jahren erdacht hat, kann durch neue Technologie verbessert werden: Künstliche Intelligenz ist schließlich sehr gut darin, Muster in Bilddaten zu finden.

Und tatsächlich gibt es auf diesem Feld schon Erfolgsmeldungen. Wie gut Deep-Learning-Algorithmen Hautkrebs erkennen helfen, dokumentierte beispielsweise Holger Hänßle von der Uniklinik Heidelberg mit Kollegen aus Deutschland, Frankreich und den USA: Bei einer Art Wettkampf zwischen Mensch und Maschine erkannten die Algorithmen 95 % der gefährlichen Melanome, Dermatologen dagegen 86 %, berichten die Forscher im Fachblatt *Annals of Oncology*. Die Forschergruppe hatte das Netzwerk zuvor mit mehr als 100.000 von menschlichen Experten annotierten Bildern darauf trainiert, gefährliche Hautveränderungen von gutartigen Muttermalen zu unterscheiden. Anschließend trat der Computer gegen 58 Dermatologen aus 17 Ländern an – und siegte.

Insgesamt habe die KI nicht nur weniger Fälle von schwarzem Hautkrebs übersehen, sondern auch seltener gutartige Leberflecke als Krebs identifiziert, so die Forscher – ein zweiter wichtiger Faktor bei der Beurteilung solcher Ergebnisse. Denn „falsch positive" Fehlalarme verursachen schließlich nicht nur Sorgen bei Ärzten und Patienten, sie treiben auch die Kosten in die Höhe, wenn am Ende unnötig operiert wird.

## KI ersetzt keine Experimente

KI kann also ein nützliches Werkzeug für eine schnellere, einfachere Diagnose von Hautkrebs sein, fasst Hänßle zusammen – jedoch sei es unwahrscheinlich, dass ein Computer einen Arzt komplett ersetzen werde. Das ist auch aus Klauschens Sicht ein Irrglaube: „Künstliche Intelligenz kann helfen, Hypothesen besser zu formulieren." Doch sie ersetzt nicht die dann notwendigen Folgeexperimente, mit denen man die kausalen Zusammenhänge hinter den gefundenen Mustern aufklären muss. Dafür ist es allerdings wichtig, dass die neue Technologie interpretierbar ist. Mediziner wie Klauschen müssen verstehen, welche Faktoren eines Bildes die KI, nicht aber der Arzt erkannt hat – um darauf neue Hypothese zu gründen oder bisher nicht entdeckte Zusammenhänge aufzudecken.

Diese Interpretierbarkeit von künstlicher Intelligenz ist auch jenseits des medizinischen Bereichs ein wachsender Forschungszweig. Denn egal in welchem Zusammenhang eine KI eingesetzt wird: Stets müssen Experten nachvollziehen können, an welchen Merkmalen sie sich orientiert, um Entscheidungen zu verstehen und überprüfen zu können. Daran arbeitet auch Wojciech Samek, der Leiter der Machine Learning Group vom Berliner Fraunhofer Heinrich-Hertz-Institut mit seinen Kollegen. Überall, wo es um die Analyse von Bildern geht, „gibt es enorme Fortschritte, denn darin sind die KI-Algorithmen schon sehr gut", sagt Samek. Und somit könnten Mediziner in der Radiologie, Dermatologie und Pathologie aus seiner Sicht schon jetzt enorm von den neuen Technologien profitieren – gäbe es da nicht das Problem, dass häufig undurchschaubar ist, ob Bilderkennungsalgorithmen sinnvolle Kriterien für ihre Aufgabe gewählt haben.

Ebendas kann schiefgehen. Sameks Gruppe zeigte beispielsweise, wie ein neuronales Netz, das sehr gut darin war, Pferde auf Bildern zu erkennen, besonders glücklich falschlag: Es hatte sich gar nicht auf spezifische Merkmale eines Pferdes gestützt, sondern lediglich die Copyright-Angabe am Rand der Bilder ausgewertet, die allesamt aus einem Pferdeforum stammten. Diese Gemeinsamkeit war den Forschern zunächst nicht aufgefallen.

Das Forscherteam hat nun eine der ersten Methoden entwickelt, mit der die Entscheidungen der neuronalen Netze nachzuvollziehen sind. Sie lassen dafür ein Netz zur Bilderkennung rückwärtslaufen und können so sehen, an welchem Punkt eine Gruppe von Neuronen welche Entscheidung getroffen hat und welches Gewicht diese für das Endergebnis bekam. So konnten sie etwa demonstrieren, dass sich eine Software bei Fotos von Zügen an den Gleisen und an der Bahnsteigkante orientierte – den Zug selbst hatte das Netz nicht für besonders wichtig erachtet.

Die gleiche Methode hilft nun Medizinern, wenn sie eine KI zur Unterstützung ihrer Bildanalyse heranziehen. „Mediziner sind sehr vorsichtig, sie verwenden keine Dinge, die sie nicht verstehen", erklärt Samek. „Jetzt können Neurologen beispielsweise Hirnscans anschauen, und wir können ihnen sagen, welche Voxel eines solchen Bildes besonders ausschlaggebend für die Entscheidung der KI waren." Dank der Methode des Zurückrechnens können sie also sehen, welche Kriterien das Netz für eine bestimmte Diagnose als wichtig eingestuft hat. Dann erst entscheiden sich die Experten auf der Basis ihrer Erfahrung, ob der Weg der KI Sinn ergibt – oder ob sie gar auf einer neuen Spur ist und einen von Menschen noch nicht entdeckten Zusammenhang aufgedeckt hat. „Es geht in der Forschung ja auch darum, Mechanismen zu verstehen", so Samek.

Klauschen und Kollegen hat die künstliche Intelligenz tatsächlich bereits auf erste Korrelationen aufmerksam gemacht, die Menschen bis dahin entgangen waren, bestätigt der Pathologe: „Das maschinelle Lernen förderte Merkmale zu Tage, die ich nicht mit klinischen Informationen in Verbindung gebracht hatte." Er arbeitet gerade an einer Studie über diese KI-Funde, die noch mit Experimenten überprüft werden müssen. Offenbar gibt es einen bislang unbekannten Zusammenhang zwischen der Überlebensdauer von Patienten und bestimmten Faktoren ihres Immunsystems.

Dass KI manche genetischen Veränderungen tatsächlich aus Bilddaten vorhersagen kann, haben Forscher derweil durch Experimente schon bestätigen können. Bei einem Test gelang es, 8000 von 60.000 solcher Veränderungen korrekt herzuleiten. Das alles klappt aber nur, weil die KI in diesem Fall eben keine unverstandene Blackbox ist: Sie gibt Auskunft, worauf ihre Entscheidungen beruhen. „Gerade dieses interpretierbare maschinelle Lernen kann uns Hinweise darauf geben, was im Gewebe relevant mit klinischen Informationen korreliert."

## Wo es haken dürfte

Es gibt noch andere Probleme. Deutlich machen kann man sie an Foundation One, einer vom Pharmakonzern Roche gestarteten Initiative. Sie macht zunächst mit deutlich weniger markigen Sprüchen auf sich aufmerksam als das Start-up, das den Krebs gleich ganz besiegen will: Die Foundation wirbt mit ihrem „molekularen Profiling-Service", der Mutationen in krebsassoziierten Genen detektiert „und ein umfassendes molekulares Tumorprofil erstellt". Dieses werde nach dem aktuellen Stand der Wissenschaft herangezogen, um geeignete Therapieoptionen für den jeweiligen Patienten zu identifizieren.

Auf mehr als 300 für Krebs typische Genmutationen verspricht Foundation One zu sequenzieren – was in der Tat mehr ist, als die Universitätskliniken üblicherweise tun, erklärt Klauschen. Doch der Nutzen sei für den Patienten kaum größer, denn: „Gegen einen Großteil der genetischen Veränderungen gibt es kein Medikament." Und während die Universitätskliniken sich vor allem auf solche konzentrieren, die für eine Behandlung relevant sein könnten, testet Foundation One ein paar hundert mehr – ohne das gewonnene Wissen dann direkt für den Patienten einsetzen zu können. Für die Patienten kommt das zunächst zwar auf das Gleiche raus, sagt Klauschen, oder: „Es schadet ihnen zumindest nicht."

Doch es könnte der Wissenschaft schaden. Denn hinter Phänomenen wie Foundation One verbirgt sich ein größeres Problem als übertriebene Marketingversprechen: der Kampf um die Patientendaten. Alle sind sich ausnahmsweise einig. Damit künstliche Intelligenz Zusammenhänge erkennen kann, braucht es eine Unmenge an Trainingsdaten. Gesundheitsdaten sind ein hochprivates Gut, so dass es für Privatunternehmen in der Regel – zu Recht – schwer ist, an diese heranzukommen. Man kann also durchaus vermuten, dass der Service, den Foundation One noch dazu nach Insiderinformationen recht günstig anbietet, vor allem der Datensammlung dient und der privaten Forschung eines Unternehmens. In den Universitätskliniken sieht man das nicht gern, schließlich wandern die Daten in die private Schatzkiste eines Unternehmens. „Es ist ein Nachteil für die Öffentlichkeit, wenn solche Technologien aus den Unis herausgedrängt werden", sagt Scherer. Ein Blick in die USA zeige, wie weit das gehen kann: „Wenn Patienten dort an einer Studie von Roche teilnehmen wollen, ist die Bedingung, dass sie von Foundation One untersucht werden."

Vor dem Datenproblem dürfte auch das eingangs erwähnte Start-up stehen. So unrealistisch das Versprechen ohnehin ist, den Krebs mittels KI bis 2025 zu besiegen, der erste Schritt hierzu wäre nach Klauschens Schätzung, mindestens alle auf der Welt vorhandenen klinischen Daten zum Thema Krebs zu haben. Doch die sind wunderbar verteilt.

## Quellen

Haessle, H. A. et al.: Man against machine. Annals of oncology 29 (2018). https://www.annalsofoncology.org/article/S0923-7534(19)34105-5/fulltext

Printed in the United States
by Baker & Taylor Publisher Services